植物は気づいている

バクスター氏の不思議な実験

Primary Perception

Biocommunication with Plants, Living Foods, and Human Cells

クリーヴ・バクスター 著
穂積由利子 訳

日本教文社

謝　辞

原稿というものは、けっして一人の力だけでは完成にこぎつけることはできない。この本を書くにあたっては周りから、実際に本ができ上がるまでには山あり谷ありだよと聞かされていた。そしてそれはまったくその通りだった。起こったことを正確に話すことなら得意なのだが、書くことは苦手で、いつも避けていた。おそらくそれは、一つひとつの出来事について、きちんとした証拠を揃えなければならないと思っているからだろう。じつは本書を出そうと思ったとき、最初は簡単に考えていた。すなわち、講義で配る資料をそのまま印刷すれば、わたしの研究を本の形にすることができるのではないか、と。編集を担当してくれたフランシ・プラウズも、二、三カ月の簡単な仕事だろうと思っていたようだ。結局、作業は四年半というまことに長く険しい道のりとなった。道のあちこちで、解かなければならない課題がいくつも見つかり、そのたびに、厳密な因果関係と詳細な解答を求めて、新たな研究に取り組む必要があったからだ。執筆にあたっては専門家のみならず、一般の方々にも幾度となく相談に乗っていただいた。彼らの協力に対しては本当にありがたく思う。とりわけ、常に誠実で、几帳面で、忍耐づよいメアリー・ドーラン、そして専門のライターであり、洞察と情熱を兼ね備えた友人のポール・フォン・ウォードには深く感謝している。

また、バクスター嘘探知検査官養成学校の職員であるトム・グレイ、ブライアン・イングリッシュとメアリー・イングリッシュにも協力していただいた。研究所のスティーヴ・ホワイトとブライアン・アンダーセンの貢献にも感謝している。わたしの大好きな脱線——つまり三六年間にわたるバイオコミュニケーション研究の実験と報告——をしている間、わたしを忍耐強く支えてくれた皆さんに謝意を表したい。

最後に、これ以上ない感謝を「〝母なる自然〟とその創造物である生命体」に捧げる。実験室にやってきては、知りたがり屋のわたしのために、ふだんは隠されている能力を見せてくれたのだから。

謝辞　i

はじめに　3

第一章　世界を驚かせた実験　17

ことの発端／第二ステップ

第二章　初期の観察記録　27

明確な意図の重要性／植物の縄張り意識／植物は世話する人に同調する／人間の旅行に同調する植物／人間以外の生命体に同調する／死――究極の脅威／ストールティング社訪問／科学的実験法に則って／ハロルド・サクストン・バー博士を訪問／科学的実験法に則った観察を／植物に囲いをする／観察が与える影響

第三章　最初の論文　47

追試を試みた人たちの失敗／細部の重要性

第四章　科学者と一般社会の最初の反応　57
イェール大学での興味深い実験／好奇心の塊たち／テレビ出演／議論沸騰／ソヴィエトの科学者たちの反応／『クリスチャン・サイエンス・モニター』／音楽、植物、マーセル・ヴォーゲル／グレインジャー博士の挑発／国会で質問に答える／米国科学振興協会の会議で反撃したこと／『サイエンス・ニューズ』誌に米国科学振興協会シンポジウムの記事が載る／追試に失敗する理由／ブラジル訪問

第五章　鶏卵を観察する　87
鶏卵に電極を繋ぐ／未知の周期的活動／エーテル界に入る？／心電計と脳波計を導入する／外界の刺激に反応する卵／卵に反応するセントポーリア

第六章　生きたバクテリアとの同調　101
ヨーグルトに電極をつなぐ／善玉菌 対 悪玉菌／善玉菌 対 ウォッカトニック／優先順位を付けるヨーグルト／スティーヴ・ホワイトが研究に加わる／紅茶キノコ／抗生物質に対するヨーグルトの反応

第七章　動物の細胞からヒトの細胞へ　127
ヒトの細胞を用いた初期の研究／扉が開く／写真のパワー／諜報機関による追試／

論文に掲載された事例／ヒトの細胞を用いた研究を続ける

第八章　バイオコミュニケーション研究と科学界の姿勢　149

パラダイム・シフトの必要性／さまざまな反響／ジョン・アレグザンダー大佐と米国学術研究会議／ミズーリ大学再訪／宇宙飛行士の内的宇宙探検／『あなたの細胞の神秘な力』／フェッツァー財団から研究費を得る／ドロシー・リタラックの研究／ハートマス研究所を訪問する／ソヴィエトの研究者たち／スリランカへの旅／APA発足とレナード・キーラー賞受賞／大衆誌『サン』誌上で反論する／米国ダウザー協会／ユニバーシティ・オブ・サイエンス&フィロソフィー／人間機能向上センター／実験の再現性についての考察／意識に関するノーマン・フリードマンの意見／バイオフィードバック協会でのスピーチ／国際遠隔視協会の会議で講演する／「統合科学会議」／アラバマ－バーミンガム大学における追試の成功

第九章　バイオコミュニケーション研究の未来　185

長距離コミュニケーション／スピリチュアルな側面／ホリスティック・ヘルス／今後の研究に関するアイディア／計測・記録装置について

訳者あとがき　196

植物は気づいている――バクスター氏の不思議な実験

メアリー・アン・ヘンソンとロバート・ヘンソンに捧ぐ

はじめに

忘れもしない一九六六年二月二日、それはわたしが初めて、細胞どうしが意思を伝達しあっている「バイオコミュニケーション」の世界、「意識研究」の分野でも最先端と言われる世界に足を踏み入れた日だった。振り返ってみれば、それまでにわたしが受けてきた教育、訓練、職業や、自分の生来の興味、数々の偶然の出来事などのすべては、わたしがあの日を迎える準備をしてくれていたように思う。そして、その道は今も続いている。

ところで、わたしが意識研究という意味で最初に興味を持った分野は、じつは植物ではなかった。一〇代のある日、わたしは催眠術に魂を奪われてしまったのだ。そのとき、わたしはニュージャージー州ニューブランズウィックにあるラトガーズ大学付属の全寮制高校の生徒だった。

ある晩のこと、われわれ寮生は食堂のテーブルを囲んで、ひとりの先輩の話に耳を傾けていた。話と言うのは、その日大学の心理学の授業で起きたことだった。被暗示性についての授業で、教授は催眠現象を学生たちに実際に見せようとしたらしい。被験者の前には、自由に首の曲がる電気スタンドが置かれ、小さな穴のあいた厚紙が電球を覆うように貼り付けられていた。被験者からは小さな穴から漏れる光しか見えない。実験台になった学生は、教授が眠りに誘う暗示を与えている間、この光に気持ちを集中するように指示された。しかしうまく暗示がかからず、学生は催眠状態にはならなかった。結局、実験は失敗に終わったという話だった。

その晩おそく、わたしは、「ふたりでさっきの話を試してみないか？　できるかどうかやってみようよ」とルームメイトを誘った。催眠をかける側とかけられる側を決めるためにコインを投げると、わたしが催眠をかける側になった。部屋には自由に首の曲がる電気スタンドがあったので、先輩から聞いたとおりに準備した。それからわたしはルームメイトに、「あなたはだんだん眠くなります。この光に集中してください」と言いながら、眠りに誘った。驚いたことに、ルームメイトは、見たこともないほど深い催眠状態に入っていった。今思い返してみても、あのときのわたしはあまりに上手すぎたようだ。というのも、いとも自然に、次のような言葉まで出てきたのだから。「それでは、これから目を開けてもらいますが、目は覚まさないでください。そのまま廊下を歩いて行って、遅くまで電気をつけていられる許可をもらって来てください」。寮では許可がないかぎり午後一〇時に消灯する決まりだった。催眠状態のルームメイトは廊下を歩いて行き、当直の教授から許可をもらってきた。彼は電気使用の日誌にサインをして部屋に戻ってきたのだ。

戻ってきた彼に椅子に腰をかけるように言うと、こんどは次のような指示を与えた。「はい、ではこれからあなたは目を閉じて、わたしの言うことを注意深く聞いてください」。それからこう言った。

「さあ、今度は目を覚ましますよ。わたしが五から一まで逆に数えますから、一になったら、あなたは完全に目を覚まして、本当に爽快だと感じてください」。わたしが数を五から一まで数えると、彼は目を覚ました。そして、「ほら、やっぱりできなかっただろう。催眠なんてものはたわごとなんだよ」と何事も起こらなかったかのように言ったものだ。わたしが彼に暗示をかけてやらせた行動をいくら説明しても、ぜったいに信じようとはしなかった。彼は、電気を遅くまでつけておく許可をもらったことでさえ、当直の教授に向かって否定した。わたしはこのとき、何か大変なことが起きている、研究するに値することが起きていると直感した。

その後も何度か同じことを試して成功したが、このときの体験が、催眠の力を感じた最初だった。その意味するものが非常に大きいことに気づいたわたしは、さっそく大学の図書館からジョージ・エスタブルックス、ミルトン・エリクソンなどの催眠について書かれた本を借り出した。そして催眠について知るほどに、ますます興味が深まっていった。当時はまだ催眠が人々の間で爆発的興味をよぶ前だったので、現在のように医療関係者や心理学者の著作が書店に並んでいるような状況ではなかった。ラトガーズ高校を修了したわたしは、残る高校生活をペンシルベニア州ランカスターにあるフランクリン&マーシャル・アカデミーで送り、ここでも催眠の勉強を続けた。学校の科学クラブに頼まれて、クラブ員の前で誘導の仕方を実演したこともある。

フランクリン&マーシャル・アカデミーを卒業したわたしは、テキサス大学に進むことに決めた。ニューヨークのブロンクスから大学のあるテキサス州オースティンまでの旅は最高だった。両親からもらった電車代を頭金にしてオートバイ「インディアン・スカウト」を手に入れ、たちまち乗り方をおぼえると、地図を頼りにオースティンまで一路バイクを飛ばした。もちろん、バイクの残りの代金は大学内のアルバイトできれいに返還した。

テキサス大学では土木工学を専攻するつもりだった。しかし一学期も終わる一九四一年一二月七日〔日本では八日未明〕、歴史が大きく動いた。真珠湾攻撃である。わたしはそれまでの計画を変更して、テキサス農工大への転校を決意した。ここは当時、予備役将校訓練コースを設けた完全な軍隊学校だった。ニュージャージーから出てきた世間知らずのわたしは、騎兵隊の訓練コースを選択してしまったために大変苦労した。わたしは専攻を農業に変更し、のちに心理学に再び変更した。

テキサス農工大では、前より大勢の人を対象に催眠を再開した。校内でしばしば実演を行なったため参加者は手順に慣れてしまい、「わたしが手を動かすたびにあなたは深い眠りに入っていきます」などという事前の説明は必要なくなるほどだった。参加者の三分の一はなんらかの催眠状態に入り、なかにはかなり深く入った人もいた。そして深い催眠状態に入った人たちには、そのまま、次に続く実演に協力してもらった。こうした活動に対しては周りの誰からも反対されることはなく、むしろ、興味を持ってくれる人のほうが多かった。わたしが受講していた心理学の教授などは、変性意識状態に関する授業の一環として、彼の心理学講座で実演する機会さえ与えてくれたほどだ。

催眠の実演の中には、後催眠暗示を与えることも含まれていた。あるとき、わたしは深い催眠状態に入った被験者に、目が覚めた後、わたしの姿が見えなくなるという暗示を与えた。実際にはわたしは教室にいたのだが、「あなたにはわたしの姿が見えなくなります、わたしはこれから三〇分間教室を離れますから」と言ったのだ。目が覚めた被験者は、わたしがどこにいるのかと周りに訊ねた。そこで、わたしはふだんはタバコは吸わないのだが、タバコに火をつけ煙をくゆらせてみた。彼が見たものは……空中に浮遊するタバコと、わたしが吐く煙だけ。この光景を目にした彼は驚愕して、教室から逃げ出そうとした。こうして三〇分が経過すると、わたしの姿が彼の前に再び現れた。もちろんわたしは一度も教室を離れたりはしていない。人間の意識を変えることができるということ、つまり後催眠暗示によってその人に幻覚――それが良いものにしろ悪いものにしろ――を体験させることができるという事実に、わたしは深い感銘を受けた。

前半の学期が終わると、わたしは夏休みを取り、テキサスのカレッジ・ステーションからカリフォルニアまで五日間のバイク旅行に出かけることにした。一九四二年の九月のことだ。カリフォルニアではロングビーチ、ハンティントン・ビーチ、ロサンジェルス、ハリウッドを見て回った。ドン・ジョスリンと出会ったのはこの旅でのことだった。彼は海軍に所属しており、当時はカリフォルニアに駐屯していた。神智学に傾倒している家庭の出身で、わたしは彼によって、東洋哲学に初めて触れることになった。神智学協会は、古今東西のあらゆる宗教や神秘的伝統について、研究、調査、出版している団体である。

ドンはわたしより二、三歳年上で、海外へ出発する日が目前に迫っていた。われわれは、意識の変性状態やスピリチュアルな概念について二日間、深夜まで話しあった。こうしてわたしは催眠の体験を彼に伝え、彼からは神智学の教えを学んだのだ。

　彼と話しあってみて、わたしは、さまざまな宗教の信仰には、単なる暗示ではないもっと深遠な何かがある可能性に気がついた。ドン・ジョスリンは、肉体の死を超えた生や輪廻という東洋的な思想にわたしの目を開かせてくれた。しかし本当にわたしが、科学的に証明できる世界を超えたことが現実に起きているのだと納得したのは、ずっとのちのことで、一九六六年二月二日、植物をポリグラフ（嘘発見器）に繋いだときのことである。そのとき、わたしの脳裏にはドンと交わしたさまざまな話が蘇ってきた。彼があれから戦争を生き延びたかどうかは定かでないが、わたしを深遠なる哲学の世界に案内してくれたことに心から感謝している。ところで彼と過ごした体験から、わたしは戦争という現実を強く意識するようになった。同時に、一九歳の誕生日が近づいていたことと故郷の徴兵選抜委員会のこともあり、それまでのわたしの学校教育は変わることを余儀なくされていた。

　わたしは二学期もテキサス農工大に登録したものの、学年終了前にアメリカ海軍に志願することを決意した。海軍の新兵訓練所では、約三万人の訓練生から三〇〇人が、九〇日間の海軍兵学校で訓練を受けるために選ばれた。わたしもその一人だったが、わたしの場合は、兵学校に行く前に、当時海軍の士官候補生訓練のための「V－12プログラム」の一部として政府の管轄下にあったヴァーモントのミドルベリー・カレッジに送られ、そこで三学期を過ごすことになった。わたしは専攻である心理学を学ぶことを許可された。

　その後、シカゴに近いノースウェスタン大学で三カ月間の海軍兵学校の教育を修了して士官となったわたしは、次にマイアミの上級戦列将校学校で学び、その後カリフォルニア州サンディエゴにある対潜水艦戦学校で軍隊教育を受けた。こうしてついに西太平洋上での実戦に参加することになった。わたしの希望としては、海軍の諜報機関で、戦時における催眠利用について研究したかったのだが、軍の上層部には、二一歳の下級士官の考えていることに耳を傾けてくれる人などいなかった。結局わたしのアイディアを軍や民間の諜報機関が真剣に検討したのは、それから二年後のことである。

太平洋戦争が終わったとき、われわれは沖縄の海上にいた。日本上陸のための準備をしているところだった。一九四六年七月四日、わたしは軍務を解かれた。国家安全のために催眠を用いたいというわたしの思いは、まだ一度も追求する機会を与えられていなかった。

一般市民の生活に戻ったわたしは、カリフォルニアのロングビーチに小さなウェイト・リフティングのジムを開いて、興味のはけぐちを肉体の鍛錬に見出していた。八カ月が過ぎたある日、アメリカ陸軍の対敵情報活動部（ＣＩＣ）に直属として入隊できる機会がやってきた。すぐにジムを処分して入隊したわたしは、海軍における少尉の階級をもとに、正規軍一等曹長の階級を与えられた。

そして、当時ボルティモア近郊のホーラバード駐屯地にあったＣＩＣ本部で

海軍時代の著者（1945年）

九週間の基礎コースと二週間の教師訓練コースを修了した後、〝調査学科教師〟としてこの学校に雇われた。わたしはここで軍事訓練を受けている人たちに尋問の仕方を教えたり、センターでコースを取っているCIC参謀や国務省職員、大使館員を対象に、自分の関心分野である催眠の講義を行なった。特に強調したのは、海外にいる米国政府関係者から催眠によって機密情報が引き出される危険性についてだった。

わたしの講義は受講者の興味を裏切ることはなかったようだ。傑作だったのは対敵情報活動部の部隊長秘書である女性に催眠をかけたときのことで、彼女は催眠暗示に従って、自分が鍵をかけて保管している極秘文書を抜きとってきたのだ。そして催眠から覚めた後も、自分がしたことも、わたしがその指示を与えたことも、一切覚えていなかった。わたしはその晩、書類を厳重に保管して、次の日に部隊長に渡した。そして、自分は軍法会議にかけられてもよいが、そのかわりにこの研究の重要性を一日も早く認めてほしいと要望した。

一九四七年一二月一七日、軍法会議にかけられるのを覚悟していたわたしに、部隊長からうれしい知らせが届いた。わたしの研究が「軍の諜報機関の重要課題」となったのだ。ようやくものごとが良い方向に動き始めた。

一九四八年二月、ワシントンDCの近くにあるウォルター・リード病院に一〇日間の短期出張を命ぜられた。病院では、催眠の理論や催眠誘導の実技を教えたほか、ペントタールナトリウムなどのいわゆる自白薬の効果的使用法に関して話をした。当時はまだほとんどの医師たちが催眠現象など信じていなかったことを思うと、わたしの出張は医療催眠の歴史において、興味深い出来事だったのではないだろうか。無事に一〇日間が過ぎ、わたしは病院の精神科部長から、CICに良い報告をしておきますよという お墨付きをもらって学校に戻った。

その後ワシントンDCで催眠に関心を抱く軍関係者らと何度か会合をもった後、ふつうなら四年かかる正規軍の兵籍期間をたった一三カ月で終了してしまった。一九四八年四月二六日に除隊となり、同日、諜報機関中尉として、アメリカ陸軍予備役将校の階級を授与された。その翌日から、わたしは一般市民としてワシントンDCの中央諜報機関（CIA）に出勤しはじめた。CIAによる厳重な履歴審査には事前に合格していた。もっとも、海軍予備軍在籍中にアメリカ陸軍に入隊したことは、厳密には正しいことではなかったと言われたが……。

CIAで仕事を始めてまもなく、ポリグラフを使えば、催眠術やいわゆる自白薬を合衆国の不利益になる目的で使うおそれのある不平分子を事前に調査できるのではないか、と思いついた。わたしはポリグラフの操作にかけては第一人者であるレナード・キーラー氏から特訓を受けることになり、このために何度もワシントンDCとシカゴを往復した。

わたしは、極秘のさまざまな活動に関わっていたほか、世界のあらゆる場所に出向いて異常な尋問戦術が行なわれる可能性を分析する訓練を受けたCIAチームの中心メンバーでもあった。これには、わたしがもともと関心を抱いていた分野である、催眠を使う尋問や、麻薬を使う尋問も含まれていた。当時はソヴィエト連邦が「冷戦」をエスカレートさせていた時代で、あの悪名高いベルリン封鎖の間、

著者とドラセナの木

我々のチームは一九四九年、ベルリンとウィーンに飛んだ。さらに翌年には朝鮮戦争が勃発したため、日本の佐世保に行った。中国共産党軍が戦争に介入したため、アメリカ軍は韓国の釜山《プサン》から佐世保へ負傷者を避難させていたのだ。

　ところでワシントンＤＣでは、わたしが確立したポリグラフによる調査法が、ＣＩＡに求職してきた人たちの審査や、重要なＣＩＡ職員に対する一般審査によく用いられるようになっていた。こうしてややルーティン的なポリグラフ検査の数が増えたため、自分の創造力を研究にあてる時間がなくなりはじめていた。

　そんな折、レナード・キーラーが亡くなった。わたしはこれを機会にＣＩＡを離れ、シカゴにあるキーラー・ポリグラフ研究所の所長として着任した。当時この研究所は、授業形式でポリグラフの使用法を教える唯一の場だった。所長着任後、六週間の基礎コースを二つ担当したが、どのクラスも陸軍の軍人がほとんどだった。これは、当時ジョージア州ゴードン駐屯地にあった陸軍警察学校にポリグラフのコースができる前のことだ。

　それからまもなく、わたしはワシントンＤＣに戻り、政府機関を対象にした民間のポリグラフ・コンサルタント業を立ち上げた。話はそれるが、その頃、わたしと一緒に仕事をしていたポリグラフ検査士がワシントンDC地域にある航空機の操縦学校に通っていた。彼に触発されてわたしも飛行機操縦法を習得し、一九五一年一二月に個人のパイロット資格を取得した。J－3パイパーカブ（小型飛行機）を購入したのもこのときだった。

わたしのポリグラフ事業は順調に伸び、メリーランド州のボルティモアに二つめの事務所を開設、やがて一九五九年にはニューヨークに完全に移転した。また一九六五年にバクスター研究財団[*1]を設立する前には、科学的尋問学校の研究・器具委員会会長を八年間連続して務めた。一九五八年から集中して行なうようになったポリグラフ研究では、当時のポリグラフ技術を整理し、洗練させ、発展させた。この研究の成果は、やがて「バクスター領域比較テクニック」となり、また、数字によってポリグラフ表を評価する最初のシステムを生みだした。このテクニックには、被験者の意識ないし「心理状態」の微妙な変化をポリグラフ検査士が理解し利用することも含まれている。

一九五九年、わたしは、ニューヨーク市におけるポリグラフ事業の一番の競争相手であったリチャード・O・アーサーと共同で学校を設立することに同意した。われわれはポリグラフの使い方を教える六週間のコースを作り、校長にはわたしが就任した。授業ではポリグラフのテクニックを適用するさまざまな方法に重点を置いた。二人の協力体制は、一九六二年にパートナーを解散してそれぞれの学校を作るまで続いた。

一九六六年二月、ある出来事が起こり、わたし自身の意識に一種の「パラダイム・シフト」をもたらした。そのためにわたしの研究――一八年間にわたる人間を対象としたポリグラフの操作――はまったく異なる種類のものへ移行することになった。ここに自伝的な形で履歴を紹介してきたのは、わたしを変えてしまったこの出来事に対する、わたしの最初の反応、そしてそれに続いた反応を、読者の方々によく理解していただきたいと思ったからだ。というのも、そのときのわたしの反応は、それまでの経験から強い影響を受けていたように思われるからだ。その後、ポリグラフや他の機器をどのように用いて、そのときの出来事がもたらした洞察を追究していったかについては、次章から詳しく述べていきたい。

クリーヴ・バクスター

カリフォルニア州サンディエゴにて

――原　註

1．バクスター研究財団（ニューヨーク州法人）は、ポリグラフ技術の進歩とポリグラフ機器の改善に関する研究を目的として、一九六五年に設立された。一九六六年、研究対象はバイオコミュニケーション研究を含むまでに拡大されることになった。一九六九年、「科学的かつ教育的」財団として、内国歳入庁法規第五〇一条(C)項三に該当する免税公益法人であることが認められた。バクスター財団は当初から自己資金で運営されているが、設立当初、故エヴリン・C・レナード氏より多額の援助をいただいた。また一九九二年から六年まで、ハイランド・サプライ社より、社長ドナルド・E・ウェーダー氏の好意により、小額ながら貴重な援助をいただいた。なお、本書の売上から得られるわたしの全利益は、将来の研究資金としてバクスター研究財団に寄付されることも記しておきたい。

第一章　世界を驚かせた実験

今から三六年前にわたしの研究を新たな方向へと激変させることになったあのドラセナの実験について、わたし自身が書物として発表するのは、じつはこれが初めてのことだ。

それが始まったのは一九六六年、ニューヨークでのことだった。当時わたしは、昼間は気が散りやすいため、夜に仕事をすることが多かった。日中の喧騒の中にいるより夜の方がずっと気持ちを仕事に集中することができたからだ。深夜になると、研究所の中で命のささやきを感じさせるものといえば、奥の部屋で眠っている飼い犬のドーベルマン・ピンシャーのピートの他には、二つの鉢植え植物だけだった。わたしの研究所はタイムズスクエアにある一八階建てビルの中にあり、鉢植えは、わたしの秘書がビルの一階にある園芸店で、閉店セールのため一鉢二ドルという安値で手に入れたものだった。秘書はゴムの木とドラセナを選んだ。ともに観葉植物で、つまり研究所の中に何か緑のものが欲しかったわけだ。わたしのことを植物大好き人間なのだろうと思う人がいたら、それは大間違いである。そのときまで自分用の植物を所有したことなど一度もない。[*1]

ことの発端

すべての始まりは一九六六年二月二日、午前七時すぎのことだった。夜中ずっとポリグラフ研究所で仕事をしていたわたしは、コーヒーを淹れて休憩していた。例の鉢植えに水をやりながら、ふと頭に

図1A　歴史的なドラセナの木（1966年）

浮かんだことがあった。それは、水が根から吸い上げられて葉まで上昇する速度を測定することは可能だろうか、という他愛もない疑問である。特に興味をもったのは、長い幹と長い葉をもつドラセナの方だった。わたしはポリグラフ検査官養成学校の校長だったので、手許にはポリグラフがたくさんあった。ポリグラフは、皮膚の電気抵抗の変化を記録するもので、ポリグラフの中の「ホイートストーン・ブリッジ」あるいは皮膚電気反応計（ＧＳＲ）と呼ばれる部分がこれを行なう。ポリグラフの一部をなすＧＳＲは、電気技師が使うオーム計のように、抵抗値を測る回路に基づいた機器であり、被験者の二本の指にそれぞれ取りつけた電極板に微弱電流を流して、抵抗を測定する。

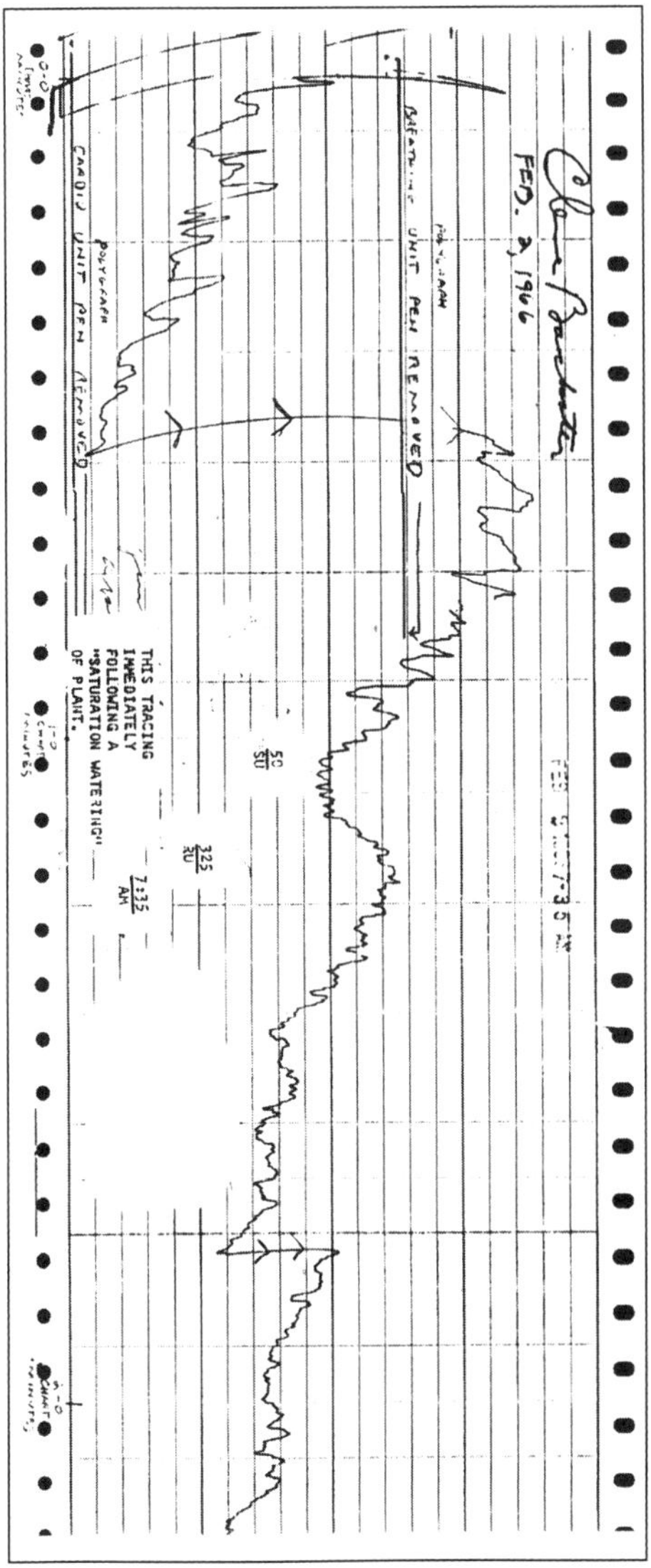
FEB. 2, 1966
BREATHING UNIT PEN REMOVED
CARDIO UNIT PEN REMOVED
THIS TRACING
IMMEDIATELY
FOLLOWING A
"SATURATION WATERING"
OF PLANT.
7:35
AM

図1B　最初の記録表

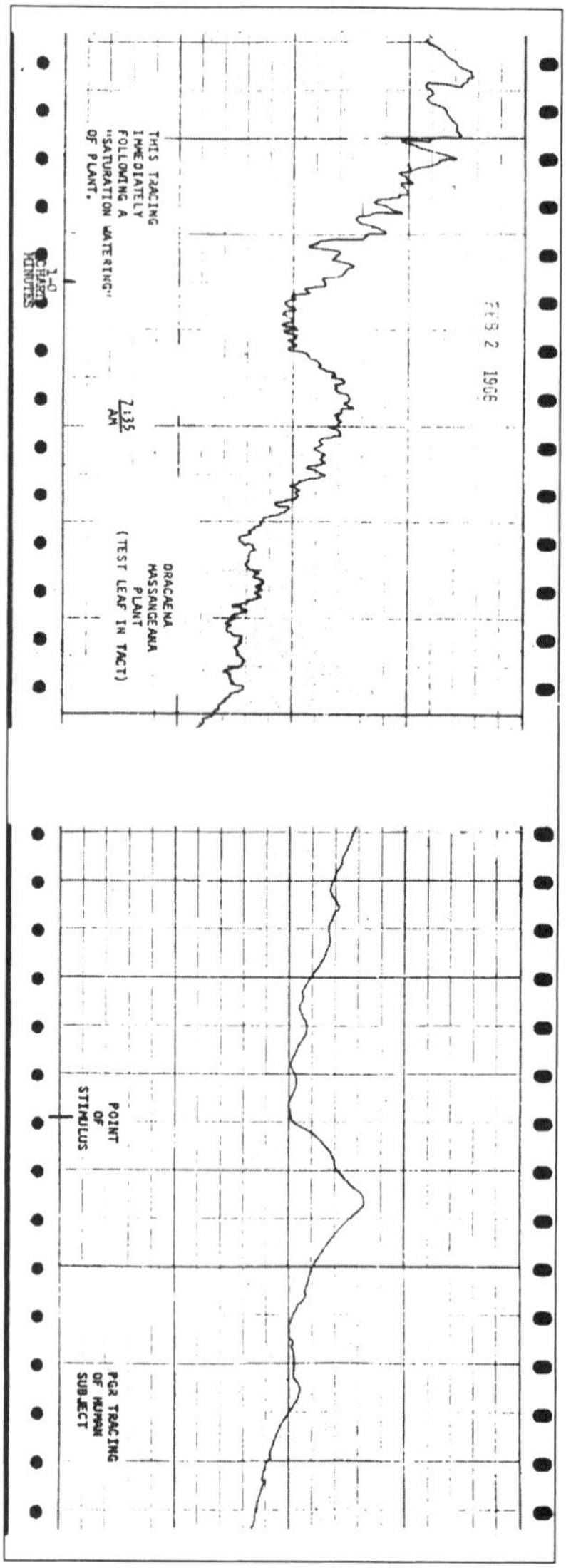

図1C　植物のグラフ曲線（左）と人間のそれ（右）との比較

ポリグラフには他に二つのモニター機能が備わっている。一つは被験者の血圧の変化、脈の強さ、脈拍数を記録し、もう一つは呼吸の変化をモニターするものだ。わたしはドラセナの大きな長い葉の先端に、ポリグラフのうちの抵抗値を記録する機器を取りつけることにした。実際には、二つのセンサー電極の間に一枚の葉をはさみ、それを輪ゴムで留めた。葉の水分が増加するのだから、当然、葉の電気抵抗は減少するだろう。そしてそれは、ポリグラフの表では上に向かって伸びて行く線によって示されるはずだ。葉の抵抗はありがたいことに二五万オームの計測領域内に収まるかたちで下がり、その後は五六分間、GSR回路内で均衡を保っていた。ところが、記録表の最初の部分では、電極にはさまれた葉に水分が届いたことによって葉の電気抵抗が減少するはずなのに、予想に反して線が下降しており、抵抗が増加したことを示していた。その上、計測開始後一分を過ぎたところでは、線の形に短期的な変化が起きており、それは、被験者が、嘘が発覚する恐怖を短い間体験したときに現れる反応パターンによく似ていた（図1B）。そこでわたしはこう考えた。「そうか、もしこの植物が人間みたいな反応を見せたいと思っているなら、人間と同じルールを適用して、もう一度こんなことが起こるかどうか試してみようじゃないか」

すぐにわかったことだが、植物の細胞と細胞の間にはワックス状の絶縁体があるため、記録用紙に描かれる線は図1Cの左の図に見られるように、のこぎり状になる。これは、植物では電極に直接放電されるためで、人間の場合には、図1Cの右の図に見るように起こらない。

人間の場合、ポリグラフ・テストの被験者に対しては、たとえば、「あなたは拳銃を撃ってジョン・スミスを死に至らしめましたか?」という類の質問をする。もし相手が殺人を犯していた場合には、この質問は彼らの安寧を脅かし、その反応は、記録表の上にあきらかな形で現れる。わたしはこのドラセナの安寧を脅かす算段を考えることにした。そのときはまだ、植物に話しかけるほど入れ込んではいなかった。考えた末に、電極を取りつけてある葉に隣り合った別の葉の先を、熱いコーヒーに浸してみることにした。記録用紙の上にはしかし、目に見えるような変化は現れず、線は下降を続けるだけだった。人間の場合、この下降線は、疲労または退屈な状態を示す場合が多い。それから一四分

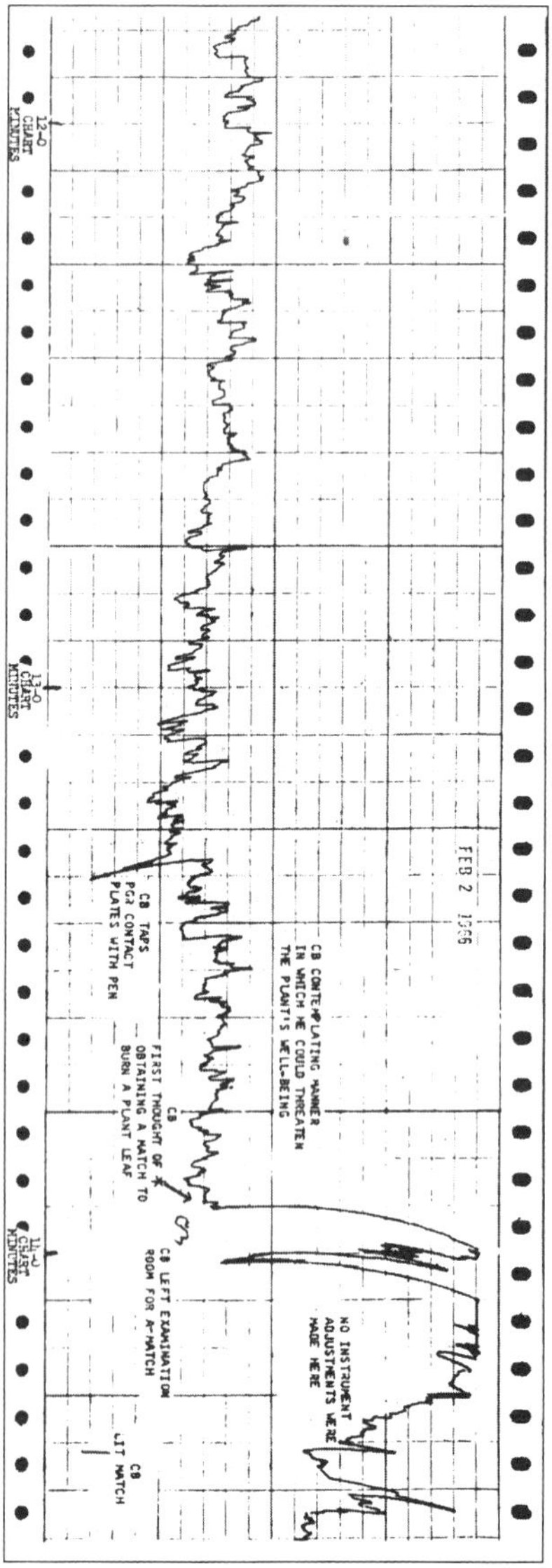

図1D　葉を燃やそうと思ったときの植物の反応

ほど経過したとき、ふとこんな考えが頭に浮かんだ。「植物を脅かすには、マッチを持ってきて電極を取りつけた部分を焼いてみるのが一番だな」

このときドラセナはわたしの立っている位置から四、五メートルほど離れたところにあり、ポリグラフ装置は一・五メートルほどの場所にあった。なにか新しいことが起きたとすれば、わたしの頭に浮かんだこの思考だけだった。早朝のことで、研究所にはわたしの他には誰もいなかった。わたしの考えと意志は、「あの葉っぱを焼いてやろう！」というものだった。葉を焼くことをイメージした瞬間、ポリグラフの記録ペンは表の一番上まで跳ね上がった！　何も話していないし、植物に触れてもいない、マッチをつけたわけでもない。ただ、葉に火をつけてみようという明確な意志があっただけだ。ところが植物の記録は、葉が劇的に興奮したことを示していた。この観察はわたしにとって、明白かつ非常に意義のあるものだった（図1D）。

こうして、一九六六年の二月二日、記録用紙が動き始めて一三分五五秒たった時点で、わたしの意識全体が変化してしまったのだ。「まいったなあ。この植物はわたしの心を読んでるみたいだぞ！」

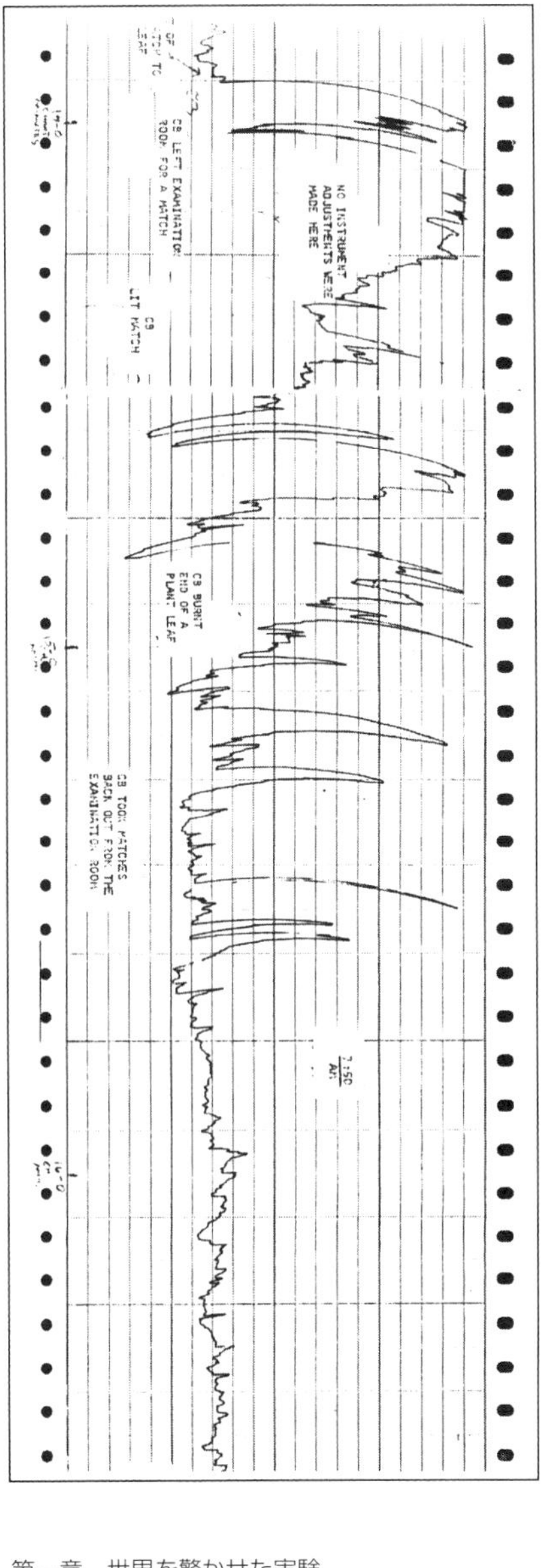

図1E　長時間にわたる記録

それからわたしは部屋を出て、喫煙者である秘書の机まで、マッチを取りに行った。戻ってきたとき、植物はまだはっきりと高い反応を見せていた。この状態を見て、わたしは葉を焼くことを考え直した。変化がこれ以上大きくなっても、記録計ではその変化は認識できないだろうと思ったからだ。わたしは火をつけたマッチを別の葉にさっと近づけてみたが、もう植物を傷つけることに興味はなくなっていた。それから、いちばん良いのは脅かしをやめて、植物が落ち着くかどうかを見ることだと考えた。マッチを秘書の机に返しに行って戻ってくると、記録ペンは、電極を取りつけた葉を燃やそうと決心する前の落ち着きを取り戻していた（図1E）。

第二ステップ

さて、その日の朝、それから起こったことについて、少々話しておこう。その前に、こんなことだけは起こらなかった、と保証しておく。すなわち、まだ朝の八時前のタイムズスクエアに飛び出て、「植物に心を読まれた！」と大声で触れ回ったりはもちろんしなかった。そんなことをすれば、いくらニューヨークのタイムズスクエアとは言え、気が触れたように見えただろうし、科学者として感情を自制する訓練を受けてきたわたしにはとうていできることではなかった。

午前九時頃、同僚のロバート（ボブ）・ヘンソン[*2]が出勤してきた。わたしは、五六分間の植物記録である八・五メートルにもなった記録表を、研究所の廊下の壁にテープで留めていた。ポリグラフ検査室に入ってきた彼は、誰を検査していたのかとわたしに訊ねた。「ボブ、いま君が立っているところから手をのばしてごらん、わたしが検査しているものに触れるから」。ボブはドラセナのすぐそばに立っていたのだ。すでに電極は取り外してあったが、わたしは彼にも、もう一度同じドラセナに電極を取りつけて実験してみるように言った。ポリグラフのGSRの記録が、まわりの環境に同調する様を示しているのを見てほしかったからだ。彼が植物を脅すと、わたしのときと同じ結果が生じた。しかし彼には、植物を傷つけるような行動は一切させなかった。

このときの記念すべきドラセナは今も健在で、天井に届くほど巨大に生長している（図1F）。バイオコミュニケーション（生体間コミュニケーション）について講演をするときには、このドラセナのことを話し、写真を見せている。どうやら講演で話題にするごとに、一

図1F　生長したドラセナの木（2002年）

インチ生長しているのではないか、とわたしはにらんでいる。ドラセナにも人間と同じように、うぬぼれることがあるのかもしれない。

——原　註

1．祖父のJ・フランク・バクスターは、わたしが生まれる五九年前の一八六五年、ニュージャージー州ラファイエットにバクスター養樹園を創立した。この事業の経営はすでにバクスター家から他の経営者に移っている。

2．ロバート・ヘンソンは一九六一年、わたしが経営していたポリグラフ検査官養成学校を卒業した。彼は当時、米国沿岸警備隊にいたが、そこを離れてバクスター・アソシエーツ社に入社し、家族とともにニューヨーク近郊に引っ越してきた。数年後ヘンソン家は事実上わたしの養家族になった。ボブは有能かつ忠実な社員であったばかりでなく、わたしの正式な事業パートナーにもなった。彼は、バクスター研究財団理事会のメンバーであり、バイオコミュニケーション研究プロジェクトに参加した。一九九三年に彼が亡くなった後、彼の妻メアリー・アン・ヘンソンは、二〇〇二年一一月に永眠するまで、バクスター・アソシエーツのエグゼクティブ・セクレタリーおよびバクスター嘘探知検査官養成学校の学籍係として勤務しつづけてくれた。

第二章　初期の観察記録

一九六六年二月二日から二年半の間、わたしは写真（図2A）のような器具を用いて葉に電極を取りつけ、その皮膚電気反射を調べていた。

科学者なら当然のことだが、最初はいろいろな種類の植物、何機種ものポリグラフ機器を試し、同じような植物を対象に他の場所でも実験してみた。ときにはそのために地球を半周することもあった。一九六八年六月には中東危機が激化する前のレバノンを訪れたが、現地の植物もニューヨークの植物と同じ反応を示した。

明確な意図の重要性

この時期に、植物の安寧を脅かすことに関して、ある興味深いことが明らかになった。それは、植

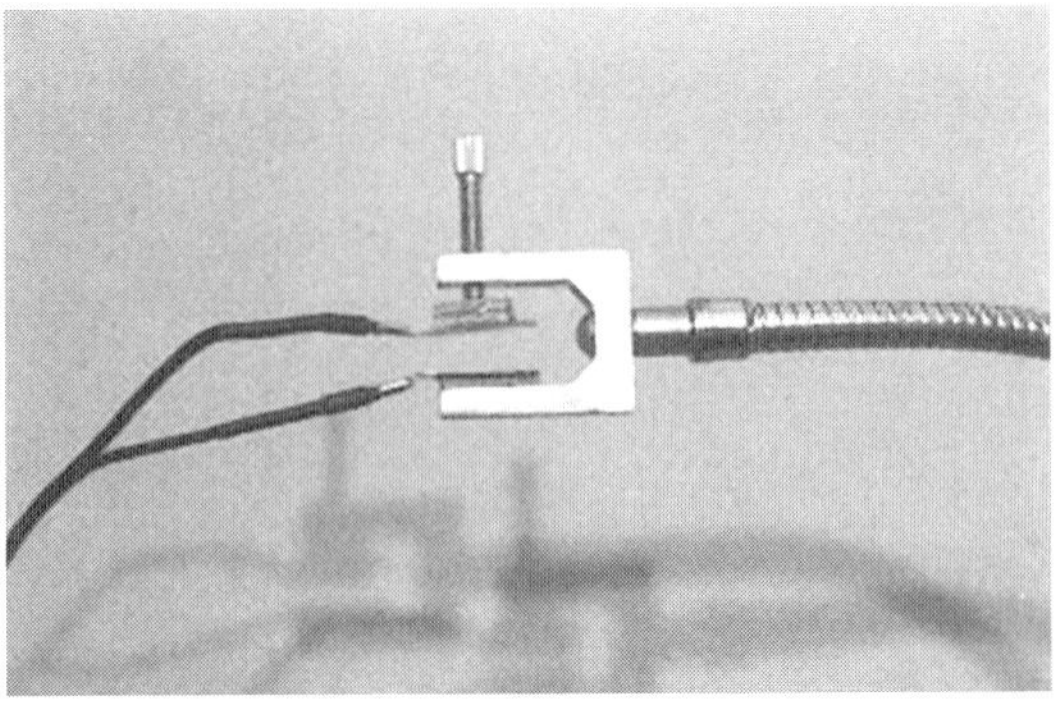

図2A　葉に取りつけるための電極

物の反応が記録の上に現れるには、その脅かしが真実のものでなければならないことだ。つまり、脅かすふりをしただけでは、記録には何の変化も現れないのである。本当に危害を加えるつもりがないとき、植物たちにはそのことがわかるようだった。ただのみせかけと本物の意図との違いを、植物は察知するように思われた。

なお、ここで強調しておきたいのだが、ポリグラフのGSRを使って植物を調べる作業は、嘘探知とは直接の関わりはない。ポリグラフによる検査中、被験者が嘘をつこうとすると、血圧、脈拍、脈の強さに短期間の変化が現れる。また、呼吸パターンにも、従来の皮膚電気反応の測定にも変化が生じる。これらの変化を、被験者の身体に直接センサーを装着して調べるわけである。感情を読み取ることは、よく構成されたポリグラフ検査と綿密な分析にかかっている。残念ながら、われわれポリグラフ検査官は、記録表を見ただけでは、一つの感情を他の感情と見分けることはできないのである。ちなみに、嘘をつこうとしている人間を相手にする場合、ポリグラフ検査全体の中でも重要なのは、恐怖の感情を見分けることであり、そしてその恐怖の感情の中から、さらに、嘘をあばかれる恐怖を見分けることである。

さてインドのジャガディス・チャンドラ・ボース[*1]は、植物にも感情があるという興味深い研究結果を発表している。植物がそれ自身の感情に匹敵するものを表わすかどうかはさておき、わたしの研究がボースのものと異なっているのは、植物が自分の近辺に存在する他の生命体から放たれている感情、とりわけ人間の感情を敏感に察知しているらしいことを示唆している点だ。

植物の縄張り意識

植物研究の初期において重要な課題となったのは、適切な研究環境を作ることだった。日中は研究所内や近辺の人間の営みは広範囲にわたっており、植物の意味のある反応だけを析出し、その原因をつきとめる作業は不可能だった。ニューヨークのダウンタウンであれば、それも当然といえば当然だろう。わたしはビル内から人がいなくなるのを待って、夜中から朝の六、七時まで仕事をしたものだ。当時、研究所は、四六番街と七番通りが交差する、タイムズスクエアの中心部にあるビルの四階にあった。ビルの外では夜中でも喧騒の渦だったが、夜の研究所内は静寂を取り戻していた。そして、こうなって初めてドラセナは、その変化を明確に見せてくれるのだった。

このことから気づいたのは、「植物の縄張り意識」ということだ。たとえば、ある植物があなたの行動を感知することができるとしよう。二〇メートル四方の研究室の壁際に植物があれば、その植物は研究室の外の道路で行なわれていることも感知できるはずだと考えるだろう。しかし違うようなのだ。動物は、ロバート・アードリーがその著書『縄張り意識』[*2]で述べているように、自分の空間として認識している生活圏だけに感受性を限定することができる。どうも植物も同じ能力を持っているらしい。

たとえば、新しい環境に持って来られた一つの植物の場合をみてみよう。一定の時間がたつと、その植物は、空間的に繋がっている場所や部屋の中にあるさまざまな生命体の活動に同調するようだ。これらの生命体のなかには、植物に接近してくる人間も含まれる。植物の安全はどうもこの接近可能性に関係しているようだ。たとえば、わたしの研究所とは壁で隔てられている隣の事務所では、その植物がある場所から六メートルも離れていないところで人が活動している。しかし、まれな例外を除けば、植物は自分とは関係のない空間で起きている活動を感知することはない。一方、同じ空間で繋がっている研究所内だと、二〇メートル離れていてさえ、さまざまな刺激に対して同調したり反応したりする。

植物は世話する人に同調する

植物の同調に関して発見したもう一つの興味深い点は、植物は自分を世話してくれる人間に対して親近感を抱く、ということだった。この関係はなにも感傷的な相互交流である必要はない。たとえば、ある人が自分の植物に特に親しみを持たず、ただ日課として水をやっている場合でも、その人と植物の間には明らかな繋がりが存在する。

植物をモニターしている最中に、わたしが何かの用事で研究所を離れることが時々あった。そして、出先でわたしがその植物のもとへ戻ろうと思い立つと、その瞬間、植物は明確な反応を示したのである。意識的にではなく、ごく自然に戻ろうと思い立ったときには、とりわけそうだった。このことをどうやって知るのかというと、ストップウォッチを利用する。たとえば、出かけるときにストップウォッチを作動させ、なにか忘れ物をして研究所に戻ろうと思ったとき、ストップウォッチを止める。そして、その時間を、研究所にある植物の反応記録表と照合する。しかし、戻らなければ、とただ思っただけで、すぐに戻らなかったような場合は、いい結果は出ない。

こう見てくると、植物は、研究所に実際にいる人間や、あるいは遠く離れた場所にいる親しい人間に同調しても、植物とその人間との間で起きている活動には同調しないことがわかる。このことから、植物のコミュニケーション様式は、通常の電磁気スペクトルによるものではないのではないかと考えられる。かなり早い時期からわたしは、植物が示す一種の知覚は、われわれが従来考えている知覚というものより、もっと基本的あるいはもっと原初的なものなのではないかと考えるようになっていた。

このことからわたしは「原初的知覚 Primary Perception」という言葉を用いるようになったのである。

人間の旅行に同調する植物

植物の観察を始めてまだまもない頃のこと、仕事のパートナーであるボブ・ヘンソン夫妻が結婚記念日を迎えることになり、妻のメアリー・アンは、記念日にサプライズ・パーティを開くことにしたので、彼にバレないように協力を頼みたいと言って来たことがあった。パーティはニュージャージー州のクリフトンで行なわれることになっていた。ボブはさそり座で、さそり座の人間に隠し事をするのは難しいと聞いていたので、どうしたらよいものかと知恵をしぼった。その結果、彼とわたしがニューヨークを発ってクリフトンに着くまで、二人で研究所にあるもうひとつの植物の変化を調べる実験をする、ということにしようと思いついた。電極を取りつけた植物は、ボブとわたしに同調するはずだ。われわれはクリフトンに到着するまで、注意深くメモを取りつづけた。こうしてパーティの方は首尾よく成功したのだが、それはさておき、実験の方も非常に良い結果をもたらした。その日の夜遅く研究所に戻ったわたしは、さっそく二人が書きとめたメモと植物の反応記録を照合した。すると、ニューヨークからクリフトンまでのさまざまな段階（タイムズスクエアから四〇番街と八番通りが交差する所にあるポート・オーソリティ・ターミナルに向かって地下道を歩いていたとき、クリフトン行きのバスに乗車したとき、バスがリンカーン・トンネルを通ってマンハッタンからニュージャージー州に入ったとき、そしてそこからクリフトンまでの道中）で、植物の反応パターンに顕著な変化が認められたのだ。メアリー・アンはパーティがあることを内緒にしておくため、隣の家をパーティ会場にしていた。われわれ二人がその家に近づくと、出席者たち全員が、「結婚記念日、おめでとう！」と声を張り上げた。大成功だった。ニューヨークの研究所の記録には、まさにその瞬間に、植物が大きく反応したことが示されていた。

　ところで植物を観察しはじめて最初の数カ月間は、長時間にわたって植物をポリグラフに繋いでおくことが多かった。記録用紙代はけっして安くはない。そのため、ときには、記録用紙にインクで描く方法ではなく、大型メーター（図2B）やトーン・ジェネレーター（音発生器）を利用して植物の反応を知ることにした。メーターの場合、植物の反応が起きるとメーターの一五センチの長さの針の先端が右方向に揺れ、また最初の位置に戻る。針が大きく揺れたときには、そのとき研究所で起きていることに注目して、針が揺れた原因をさがしたものだ。

図2B　植物反応を示すメーター

　またトーン・ジェネレーターを植物に接続した場合は、反応があると音が高くなり、その後すぐに低くなって元に戻る。トーン・ジェネレーターを使うと、メーターをいつも見ている必要がないので、他の仕事をすることができた。このことはまた、植物の反応を引き起こす類《たぐい》の出来事が、より自然に起きることにもなった。

人間以外の生命体に同調する

植物がさまざまな種類の微生物の死に非常に敏感であることもわかった。たとえば、研究所でコーヒーを淹れる場合、通常はやかんでお湯をわかし、ドリップ式のコーヒーポットにお湯を注ぐ。そして必要な量のお湯を使った後は、スイッチを切ったホットプレートにやかんを戻してそのままにしておく。ある日のこと、別の用事でやかんを使った後、まだ煮えたぎっている残りのお湯をシンクに流した。すると熱湯が下水管に流れ込んだ瞬間に、モニター中だった植物が強い反応を示したのだ。このとき、わたしはそれに関連した調査をしようという意図は持っていなかった。つまり熱湯を下水管に流したのは完全に自然な行為だった。

この出来事に先立つ数カ月の間、研究所ではシンクに熱湯を流したこともなければ、水周りを掃除するための化学薬品を使ったこともなかった。こうした背景から、たぶんわたしの行為は、そこで成長していた微生物を殺してしまったのだろう。まさにその瞬間に植物は反応したのである。熱湯で死んだバクテリア（細菌）がなんらかの信号を発したものと思われる。その信号が、モニター中の植物に、存在を脅かす可能性があるものとして捉えられたのではないか。

数カ月後、わたしはシンクの下水管から採取したサンプルを顕微鏡で調べて、自分の推理が正しかったことを確認した。顕微鏡の視野に現れたのは、「スターウォーズ」の酒場のシーンにも似た、さまざまな奇妙な形の微生物がうごめくジャングルのような光景だった。

死——究極の脅威

つぎに紹介するのは注意深く行なわれた数多くの観察の一つで、一典型になるものと思う。それは、植物は、他の生命体が傷つくと、自分の存在も脅かされたと受け取るように見えるということだ。わたしはふだん、ビルが無人になる夜間に研究をしていたが、日中、見学者を相手に電極を取りつけた植物の反応のデモンストレーションをすることもよくあった。そんなとき、研究所の壁を隔てた向こう側で起きていることに植物が反応しているように見えることがあった。これは前に述べた植物の縄張り感覚としては例外的なものだ。わたしの研究所は一八階のビルの四階にあり、トイレは各階にあったが、ある階が男子用なら、次の階には女子用というふうに設置されていた。通常、男子用の小便器には非常に強い消毒剤が使用されるものだが、四階では、ちょうど植物反応を観察している部屋の壁の向こう側に男子用トイレがあった。日中、見学者にデモンストレーションしているとき、植物の反応はおおむね穏やかなものだったが、時として、これといったはっきりした理由がないのに、記録針が表の一番上まで跳ね上がることがあった。そんなときは、同時に、小便器を洗い流す水音が聞こえたものだった。つまり誰かがトイレを使用したわけだ。それで、わたしはこの二つの事実になんらかの連関があると考えた。

最初はこう考えていた――トイレに人が一人いるだけでは、こんなに強い感情的相互作用が生じるはずがない、なにか別の理由があるはずだ、と。そのときわたしは、人間の感情による刺激を植物が感知している、ということしか考えていなかった。後になってわかったことだが、排泄された体液の中に生きている細胞が含まれており、この生きた細胞が空気に触れたり便器の消毒液に触れて死滅したのである。こうした生命の終焉は、植物の記録表に劇的な反応を引き起こした。

興味深いのは、離れた場所からの刺激として人間以外の生命体を傷つけた場合、植物はたいてい三度か四度の刺激を繰り返すとそれに慣れてしまうという点だ。この現象は非常に面白いと思った。というのも、このことは植物になんらかの記憶があることを示しているからだ。植物は、その日だけではなく、その後何日間も、同じタイプの刺激に反応を示さなくなった。しかし、ヒトの細胞が破壊される場合――前述した排泄物が消毒液に触れる場合――には、同じ植物が同じ強さの反応を当日だけでなくその後も続ける。このことについては、第七章でさらに述べたいと思う。

ストールティング社訪問

最初の植物観察につづく二カ月の間にわたしは、従来のポリグラフ用に設計された皮膚電気反応計（GSR）がどうして植物反応をモニターできるのか、どうしても知りたくなった。そこで、この疑問を解くべく、一九六六年の四月、自分が使用していたポリグラフ機器の製造元であるストールティング社をシカゴに訪ねた。そして同社の社長J・J・ヘガー・シニア氏、技術部門のドナルド・クリプスタイン、そしてわたしが校長をしていたポリグラフ検査官養成コースの卒業者であるJ・J・ヘガー・ジュニアに、実際の植物反応を見てもらった（図2C）。

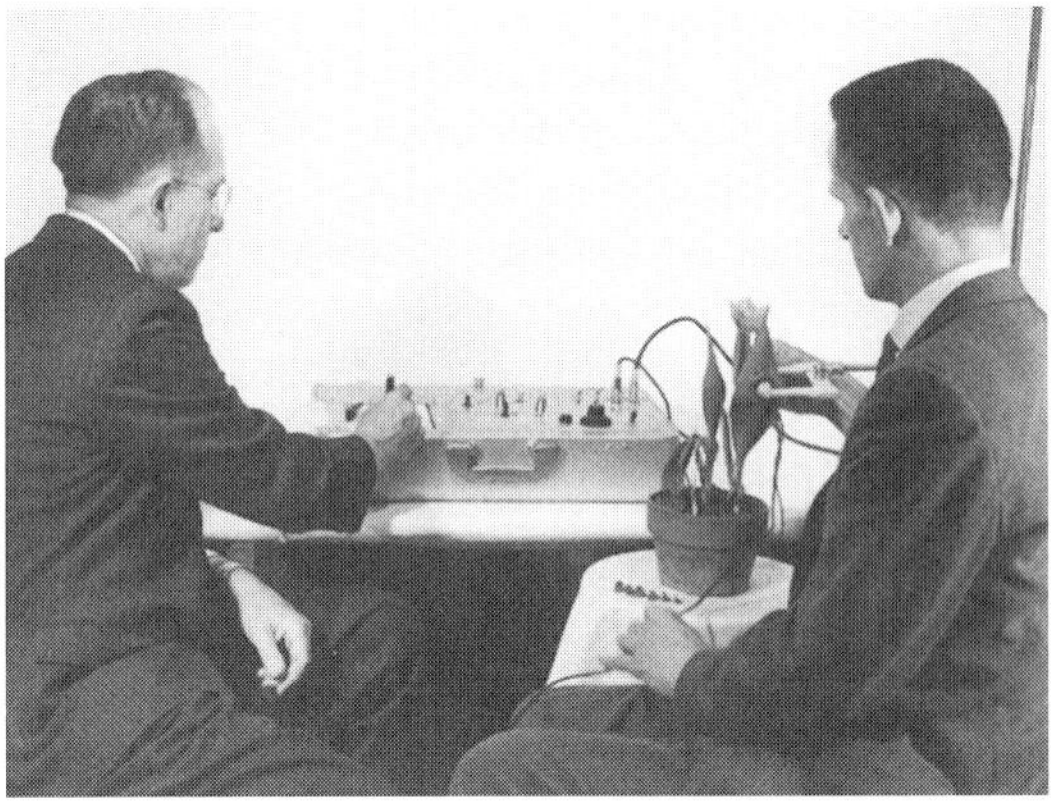

図2C　植物に電極をつなぐ。J. J. ヘガー氏（左）と

デモンストレーション後、ストールティング社の研究室でクリプスタインと話をしていると、彼の方から、会社のオシロスコープを使って実験してみようと提案があった。そのオシロスコープなら、微細な放電現象を大幅に拡大することができる。われわれはまず、1個のオレンジの両側にオシロスコープの電極を取りつけて床の上に置き、観察した。すると、オレンジの中で電気信号が発生していることがわかった。電気信号を拡大するこの種の機器を使うのはこれが初めてだった。標準的なGSRは、電極を通して微細電流が流れ、そのときの抵抗値の変化を表わすようにできている。このときわれわれが使ったオシロスコープは、敏感な電圧計として働くもので、電極を通して電気が流れることはない。それは単に電気的活動を拡大するだけで、この場合は、オレンジの中で発生している電気的活動を拡大していた。われわれはこの後、オレンジ

に刺激を与えるために、製図用ナイフを取りだして、それを一メートルほどの高さからオレンジめがけて落としてみた。オシロスコープを見ていると、ナイフがまだ空中にあるうちから、オレンジの出す電気信号が鋭角の波を描くのが観察された。さらに興味深かったのは、オレンジを逸《そ》れるように意図してナイフを落とすと、落下中に何のシグナルも観察されなかったことだ。

科学的実験法に則って

わたしは今後、原初的知覚の研究を進めるにあたって、それが信頼に値するものでなければならないと思うようになっていた。というのも、わたしは一流のポリグラフ学校の責任者として、その業界ではかなりの評価を受けていたからだ。加えて、科学的尋問アカデミーの研究・機器審査委員会の会長も依然務めていた。また、ポリグラフの専門家としての立場を別にしても、この研究は気をつけて進めなければならない、ということは承知していた。そこでわたしは、多くの科学者に実験を見せて、「こりゃ驚いた！」とびっくりさせる方法をとることにした。わたしが研究所に招いた科学者は、物理学者、化学者、生物学者、精神科医、それに心理学者だ。その際、彼らが研究所で鉢合せしないように配慮した。わたしと二人だけであれば、相手は、気取ったり自分の立場を防衛したりする必要がなくなるからだ。相手がわたしを信頼し、わたしが、彼らを知人だと吹聴したり、自分の利益のために利用する人間ではないことがわかると、多くの場合、すぐに親密な関係を結ぶことができた。「おやおや、ようこそ○○博士。じつはちょっと助けてほしいことがあるんです。この記録表なんですが、妙な現象が起きているんですよ。いったいどんなことが起きているのか教えてもらえませんか？」こんなふうに控えめに出ると、彼らはたいてい、自分の学問分野から、説明になるのではないかと考えられるさまざまなチェック点を挙げてくれた。遮蔽や回路のアースなど、適切な措置がとられているかどうか点検してくれる人もいた。なかでも物理学者からは、非常に参考になる意見を聞くことができた。わたしが知りたくてたまらなかったのは、科学的な専門知識を持つ人たちが、わたしが目撃していた植物現象を従来の科学的観点から説明できるかどうか、ということだった。もし説明できるなら、すでに学問的に解き明かされたことを、わたしが大問題にする必要はなかったからだ。

コロンビア大学およびロックフェラー大学の植物学者たちと相互に訪問して意見を交換しあう、という貴重な機会にも恵まれた。しかし、結局のところ、さまざまな科学の分野から幅広く人々の意見を聞いても、従来の科学的解釈では植物の反応を明らかにすることはできなかった。わたしはまた、訪れた科学者たちによく次のような質問もした。「先生のご専門の分野にインパクトを与えるような実験を構成するとしたら、どんなものを実験の対照群として設定したらよいか、ご教示願えませんか？」こうして得た意見は、非常に有益なものとなった。

ハロルド・サクストン・バー博士を訪問

まだ植物について研究を始めたばかりの頃のこと、わたしはハロルド・サクストン・バー博士をコネティカット州のオールド・ライムに訪ねた。博士はイェール大学医学部の解剖学教授として、つとに名高い人物だった。お会いしたのは一九六六年五月のことで、当時、教授は裏庭にある一本の木の電気的特性をモニターしており、その木の電気的活動について一〇年間にわたる記録をつけていた。記録の結果には目を見張るものがあった。博士の行なった多くの観察のうち、とりわけ注目に値するのは、木の電気的変化と太陽の黒点活動との間になんらかの関係があることを示すことができた点である。

ハロルド・サクストン・バー博士とイェール大学の同僚たちはほぼ四〇年前から、すべての生物には電気力場（electrodynamic field）が存在し、精密な電圧計によって測定および図表化することが可能であることを確認していた。彼の研究はのちに、『生命場の科学』[*3]（邦訳、日本教文社）にまとめられている。わたしが博士に、自分の植物研究をまず出版し、そうして研究を科学界に問い続けたいと考えていることを述べたところ、「すでに手いっぱいだろうが、でも頑張ってくれ」と励ましの言葉をいただいた。もし科学界がバー博士のような研究に当時からもっと耳を傾けていたならば、わたしの現在の研究結果はそれほどびっくりされるようなものにならなかったにちがいない。

一九六六年五月一三日、わたしはノースキャロライナ州ダーラムに、J・B・ライン、ルイーザ・ライン夫妻を訪ねた。彼らは当時、超心理学界のリーダー的存在だった。最初、ライン氏はわたしを非常に歓迎してくれたが、その歓迎ぶりは、わたしが彼らのところでスタッフとして働く気持ちを持っていないことがわかった時点までのことだった。しかし、この旅でわたしは、今後の研究の進め方とともに、新しいことを発見したときにどう行動すべきかについて、多くのことを学んだ。

科学的実験法に則った観察を

ニューヨークに戻ったわたしは、今後も「科学的実験法」の原則に従って注意深くやっていこうと心に決めた。つまり、一般の人々や、マスコミ関係者に話すときであっても、十分な対照群を設定して首尾よく行なわれた実験結果でなければむやみに公表すべきでないということだ。

わたしは、植物の記録を時間的観点から入念に分析する方法がベストだろうと考えた。というのも、記録表が示唆するものは、植物の周りで自然に起きる出来事と関連していたからだ。今振りかえると、この方法は、当時イルカの研究[*4]で用いられていたものと相通じるものがあるように思われる。イルカの研究者たちは、イルカの方から見せてもらうのであって、研究者がイルカに対して何かをするのではないと言っていた。初期のわたしの植物研究でも、わたしは植物に何かをさせようとしたことはなかった。GSRタイプの装置で植物の活動を記録している間、わたしは研究室で自分の仕事に没頭していたものだ。そして定期的に、長く打ち出された記録表をチェックして、何か大きな反応を示している場合は、そのときに何が起きていたか、植物の周辺で何か反応を引き起こすようなことが起きていなかったかを調べた。

二月二日にドラセナを観察しはじめてから半年の間、わたしの愛犬、ドーベルマン・ピンシャーのピートは、研究室と学校事務室を居場所にしていた。わたしの秘書のリリアンは犬を怖がるタイプで、毎朝、ピートと仲良くするためにクッキーを一枚やっていた。そうするとその日は無事に過ごせるのだ。予想通り、しばらくするとピートはクッキーを早々と催促するようになり、リリアンを少々不安に陥れることになった。研究室の植物たちはこうしたピートとリリアンのどちらにも、かなり同調した。クッキーに対するピートの期待と、それを与えるリリアンの不安は、当時モニターしていた植物に興味深い反応記録を作らせたものだ（図2D）。

図2D　ピートとリリアン

植物に囲いをする

あるとき、何人かの科学者、特に物理学者からの提案を受けて、電極を接続した小さめの植物を銅製の檻で囲んで、電磁気的な干渉を受けないようにしてみた。これにはバイオコミュニケーション効果を妨害するという目的もあった。しかし植物は、まるで遮蔽檻など存在しないように振る舞った。第八章で述べるが、ずっと後になって、わたしは完璧に遮蔽された部屋を使ってこの現象を実験する機会があり、自分の観察が正しかったことを確認した。

このコミュニケーションの性質を理解するには、当時わたしが信号の正体として、これは違うと考えていたものについて考察してみるのがよいと思う。わたしは、このコミュニケーションは、通常の方法で遮蔽することが可能な既知の電磁波、すなわち中波、FM波を含めたどんな電気的信号でもないと確信していた。また、距離も関係ないようだった。植物の信号は何十キロ、いや何百キロも横断できることを示す観察結果をわたしは得ていた。電磁気的なスペクトル内のものですらない可能性もあった。もし事実だとしたら、それは途方もないことを意味している。このことに関しては、後に詳しく述べたいと思う。

観察が与える影響

一年半にわたる観察の間、植物たちは研究室内の人間および他の生命体に大変よく同調しているようだった。観察の回を重ねれば重ねるほど、こうした同調現象は確かなものに思われた。植物たちはどう見ても、バイオコミュニケーション能力を確実に示していた。

また、この種の研究をするにあたって非常に基本的なこともわかった。それは、あまり近くで観察すると、それだけで植物に影響を与える可能性があるということだ。観察中あるいは実験中に、実験者の意識を植物と相互作用させてしまうと、それだけで結果が変化してしまう可能性がある。

注意深く実験を重ねた結果、この種の干渉を取り除くには、実験を完全にオートメーション化するしかないことがわかった。これはすぐに実行に移した。またもう一つ重要だったのは、現象がはっきり示されるよう、実験を綿密に構成することだった。わたしは、実験が成功した暁には、論文が科学雑誌に掲載されるためのいかなる努力も惜しまないつもりだった。

——原註

1．ジャガディス・チャンドラ・ボース（Jagadis Chandra Bose）はインドが生んだ偉大な科学者で、二〇世紀前半に物理学と植物学分野で活躍した。彼が発明した敏感な実験装置はクレスコグラフと呼ばれ、これを使って彼は、生物と無生物の境界が消失することを観察した。彼の偉業をたたえて、一九一七年、英国は彼にナイトの称号を贈った。しかし後年、彼は当時の信望ある生理学者たちによる抵抗に遭った。彼らはボースに、自分たちの領域を侵犯せずに、「すでに成功が確約された君の物理学分野における研究に専念するように」と忠告したが、幸いにもボースは忠告に従わなかった。

2．Robert Ardrey, *The Territorial Imperative: A Personal Inquiry into the Animal Origins of Property and Nations* (Kodansha Globe, 1997). 初版はPhilip Turner（編集者）によってAtheneumから一九六六年に刊行された。

3．Harold Saxton Burr, *Blueprint for Immortality, Electric Pattern of Life* (London, Neville Spearman, Ltd. 1972). ペーパーバック版は*The Fields of Life*として出版された(New York: Ballantine, 1973)。邦訳、ハロルド・サクストン・バー『生命場の科学——みえざる生命の鋳型の発見』（神保圭志訳、日本教文社、一九八八）。またEdward W. Russelは*Design for Destiny* (New York: Ballantine, 1973)を著し、バー博士の研究について述べている。内容は、すべての生物は敏感な電圧計によって計測される電気力場を持つことを確認するもの。

4．John C. Lilly, M.D., *Man and Dolphin* (New York: Doubleday, 1961) およびBobbie Sandos, *Listening to Wild Dolphins* (Hawaii: Beyond Words Publishing, 1999). J・C・リリー『人間とイルカ——異種間コミュニケーションのとびらをひらく』（川口正吉訳、学習研究社、一九六五）

第三章　最初の論文

　わたしはさっそく、植物の現象を証明するのに必要かつ十分な実験の組み立てにとりかかった。最初は植物と人間の相互作用を実験に含めたいと思っていたので、人間の感情を植物に対する刺激として使おうと考えたが、予備実験をした結果、いくつか問題が出てきた。人は感情表現が大変複雑であり、かつ〝入／切〟のスイッチがあるわけではないので、実験に要求される時間的な正確さという条件に合わないのだ。結局、人間による刺激を実験に組み込むことは無理だということになった。

　実験に使える他の生き物はないかとわたしは思案した。実験でその生き物を殺すことになると生体解剖反対論者たちの論議を呼ぶ恐れがあったので、この点には非常に気を使った。考えた末に決めたのは小エビ（ブラインシュリンプ、塩湖に棲息する）である（図3A）。熱帯魚の餌として育てられ、ペットショップで売られているもので、非常に短命だし、どのみち魚に食べられて死んでしまう「カルマ」を背負った生き物だ。これなら、少々彼らの寿命を縮めることになっても厳しく糾弾されることはないにちがいない。*1

こうして最終的に出来上がった実験装置は、小エビの命を自動的に終わらせるものになった。わたしの意図は、小エビの死が、壁を隔てた部屋に置いてある植物から反応を引き出すかどうかを見ることにあった。

この実験はボブ・ヘンソンと一緒に行なったのだが、難しかったのは活きの良いシュリンプを入手することだった。近くの熱帯魚店から買ってきたシュリンプはすでに弱っていて、すぐに死にそうで、これでは植物の反応を誘い出してくれるかどうか頼りにならない。知恵をしぼった末に考えついたのは、活発に交尾しているつがいのシュリンプを使うことだった。これなら最低でもどちらか一匹は気力十分なはずだ。

図3A　カップの中の小エビ（プライン・シュリンプ）

われわれは、小エビの入ったカップを逆さまにするタイミングを、六通りの可能性のうちから一つ無作為に選ぶような装置（ランダマイザー）を作り上げた。装置がどの可能性を選ぶのかは、われわれにはわからない。カップが逆さまになると、下にある熱湯の中にシュリンプが落ちて行く。この実験の重要な部分は、「刺激」（生物の死）を引き起こす六通りのタイミングの間隔を二五秒にしたことだ。スイッチを入れてから一〇分後に自動化された実験が開始するよう、時間差スイッチを使った。そして、無作為にタイミングを選択してカップをひっくり返す装置が作動し、カップの内容を下にあける。空になったカップはすぐ元の位置に戻されるようにした。なぜそうする必要があったのかというと、もしカップを逆さまのままにしておくと、時間をおいて水滴がカップから落下する可能性があったからだ。その水滴のなかに肉眼では捉えがたいほど小さな、小エビの幼生がいないとはかぎらない。もしそうなったら、実験装置が選択したタイミングとずれた時間に反応が生じてしまう恐れがあった。

図3Bはカップ自動操作装置である。逆さまになって中身を落とすカップは中央にある。水中には熱するためのコイルと、水を適温に保つためのサーモスタットを入れた。また小さなパドルで水を掻き回して循環させるようにした。実験前に温度を確認できるよう、温度計も取りつけた。実験環境は、実験を行なういくつかの続き部屋から成っていた。どの部屋も、簡単に出入りできてよく使われる場所で、これらの各部屋に、モニターされる植物、モニター、シュリンプの命を奪う装置を設置した。

実験は、小エビの死が植物に反応を生じさせるかどうかわかるように設計したもので、研究所内の三つの部屋に置かれている植物の反応を同時にモニターできるようにした。つまり実験に用いる四つのポリグラフを、すべて同じ部屋に置いたわけだ。そのうち三つのポリグラフはそれぞれ別の部屋にある植物に接続され（図3C）、比較対照用の第四のポリグラフは、固定抵抗値を示す

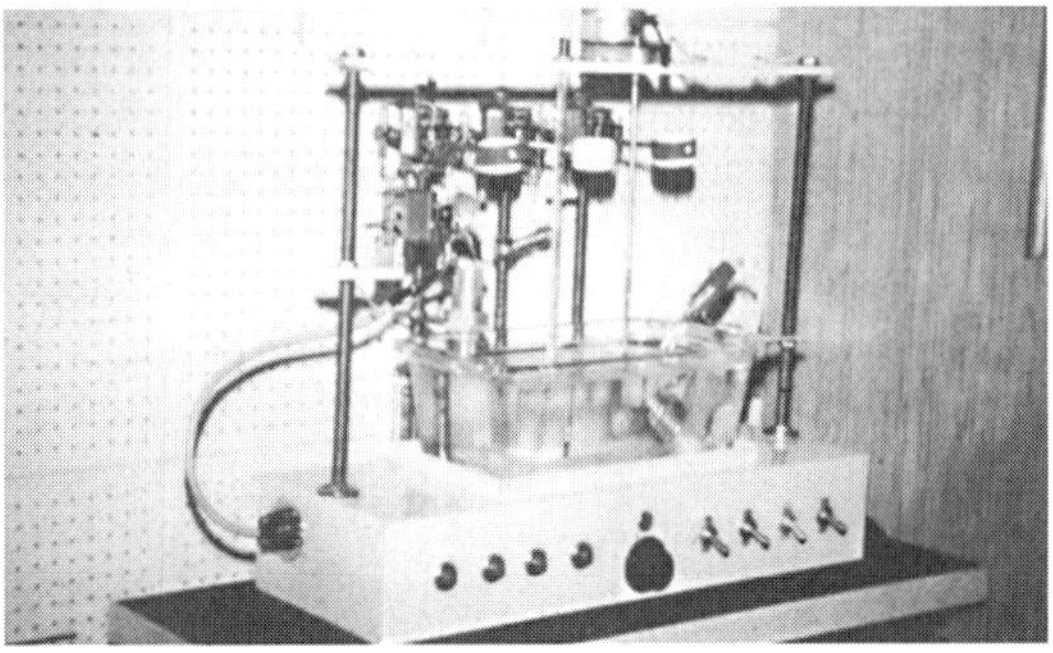

図3B　小エビを使った実験のための装置

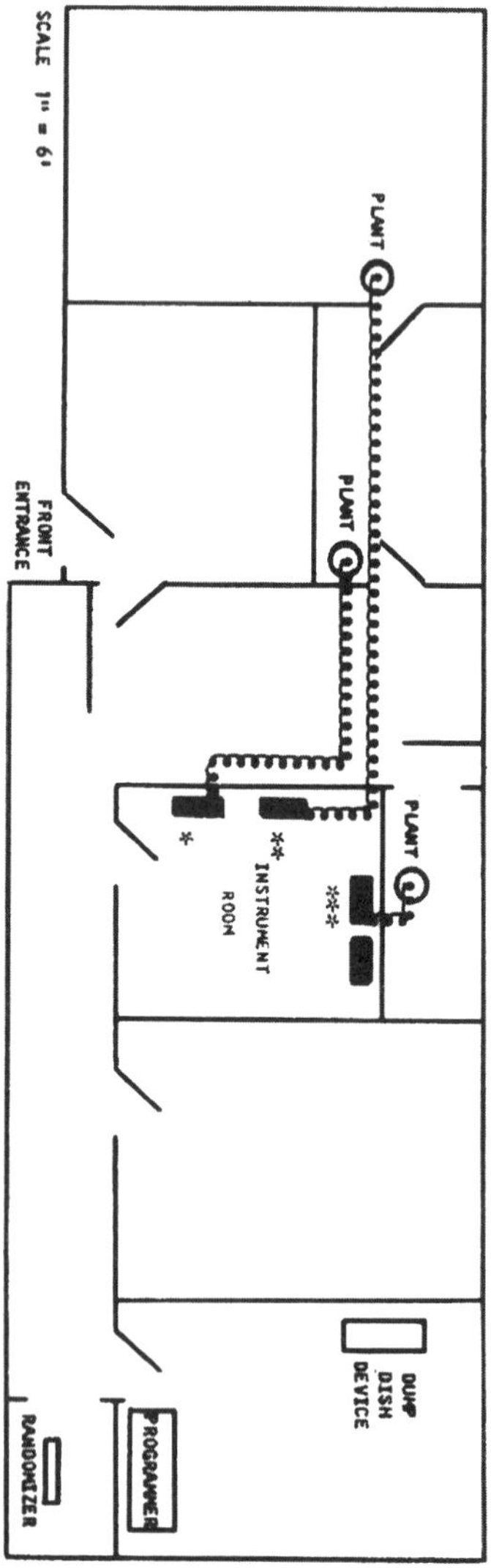

図3C　研究所の間取り

ようにした。その抵抗値は、実験を準備している間の観察から得られた植物の電気抵抗の平均値によって決定した。この比較対照用ポリグラフのＧＳＲ増幅器の感度もまた、それまでの観察を基にした。このポリグラフは、実験の際、直線を示すはずである。直線は、電圧上昇や、機器に対する外部からの干渉がないことを意味するからだ。実験中は、内部を仕切るすべてのドアを完全に閉めた。

図３Ｄは、完全自動化への努力の一環として組み立てられた装置で、プログラマーとして動作し、実験の自動プロセスに組み込まれたことが起きると、動いているグラフ用紙にそれを記録することになっている。今ではコンピュータでもっと簡単にできるが、その機械式バージョンといえよう。複数の切り欠きの入った二〇枚のアルミニウム円盤が、最高二〇個のスイッチを作動させる仕組みになっ

ていた。われわれはこの装置に、四つの記録ペンをそなえた標準的なポリグラフ記録表の駆動装置を取りつけた。記録ペンは上方にも下方にも動かすことができた。ペンを始動させるためのスイッチには、電車の模型を扱う店で入手した小型の直流式のものを使った。四つのペンが上方と下方に動くことによって、八チャネルのデータを取ることが可能になった。機械仕掛けと言っても、現在の技術に比べればお粗末なものだが、無作為選択装置のスイッチと、実験開始時間を遅らせる時間差スイッチをオンにして実験室を離れると、その後は実験プロセスの中で生じたことをこの装置が正確に記録してくれた。

実験が始まると、植物の葉の一枚に微弱電流が流れる。GSR回路に繋がれているからだ。そしてランダマイザーが選んだ時間がくると、もっとも離れた実験室にあるカップを逆さまにする機械

図3D　機械式チャート記録装置

が、熱湯の中に小エビを落とし入れ、その命を終わらせる。

この実験でもっとも重要だった点は、実験を完全に自動化することだった。以前の経験から、実験中のどんな段階でも、われわれが実験室にいると、植物がわれわれの存在に同調してしまうということがわかったからである。いったん同調が起こると、幾部屋も隔てたところで小さなエビの命が終わるという、出来事としては比較的ささいなことより、人間の存在の方を植物は優先してしまうようなのだ。この問題を解決するためには、研究所と関係のない人に植物を買ってきてもらい、ボブ・ヘンソンとわたしが実験前に植物に接触することがない場所、ビルの中の荷物置場に置いてもらうという工夫をした。実験を行なう直前にわれわれがそこに行って、三つの植物を研究室に運び込むというわけだ。それから各植物を別々の部屋に置き、電極を取りつける。電極は、前章の写真（28頁）と同様の器具で葉に取りつけた。

植物が人間に同調するチャンスを与えないために、われわれはすばやくランダマイザーを稼働させ、部屋を出る際に時間差スイッチをオンにし、ビルの外に出ると、少なくとも大通りを隔てた場所まで離れたものだ。こうして研究所内には植物だけが残された。実際、この手順に非常に厳密に従った場合にしか、有益なデータを得ることはできなかった。小エビが死ぬと、電極を取りつけられた植物は、統計的に有意な確率で反応した。またこれまでの観察から、植物がシュリンプの死に慣れる問題をなくすために、同じ植物は一度しか使わないことにしていた。

一九六七年九月七日、わたしはニューヨークで開催された第一〇回超心理学協会の年次総会で実験結果を報告した。われわれの植物研究の概要を述べた記事が、同年一二月に発行された『超心理学ジャーナル *The Journal of Parapsychology*』(Vol. 31, No.4)に掲載された。

さらに翌六八年は、『国際超心理学ジャーナル *International Journal of Parapsychology*』冬季号に、「植物における原初的知覚の証拠」と題して、われわれの実験に関する報告が掲載された。

追試を試みた人たちの失敗

掲載記事を読んで追試を試みた人たちがいたが、残念なことに彼らは、実験を自動化するまでに至ったわれわれほど、細心の注意を払って実験したわけではなかったようだ。この点は、どんなに好意的に考えても、彼らは人間の意識を実験から排除する方法を理解できなかった、としか思えない。たとえば、実験が行なわれている場所と壁を隔てたところで、閉鎖回路のテレビを使って、実験の成り行きを見守るといった方法がとられたりした。植物と人間の間の同調に関するかぎり、そんな壁など何の意味もないというのに。

われわれは、植物が実験する人間に同調しないように、実験の直前に植物を実験室に運び込むといった方法をとったが、そんなことはおかまいなく、葉っぱを蒸留水で洗ったという例もあった。こうした一見「科学的」な手順は、かえって逆効果なのだ。そんなことをすれば植物は必ず実験者に同調して、彼らが部屋を離れた後も、室内にプログラムされていることに同調せずに、実験者の後を追うことになる。

わたしは、これらの追試の方法を検討した結果、つぎのような結論に至った。それは、科学の課目に生物関連の実験を適切に自動化する方法を採り入れることを、科学界に納得してもらう必要があるということだ。バイオコミュニケーションの研究には、実験の自動化と、有効な自動化の方法を知っていることが必須であるとわたしは思う。さもなければ、再現可能な実験はいつまでたっても無理だろう。人間の意識が果たす役割がこの種の実験の追試を試みる人たちに理解されるのは、まだまだこれからのようだ。

細部の重要性

バイオコミュニケーションの研究を行なう際における大きな問題の一つは、実験の再現性である。母なる自然は、誰かがそう望んだからといって、同じ縄跳びの輪を一〇回続けてくぐりたいとは思わないようだ。残念なことに、同じことを繰り返して有意味なデータを蓄積しなければならないという、いわゆる科学的証明に要求される条件は、植物から反応を引き出すには自然発生的な出来事でなければならないというわれわれの観察とはまったく相容れない。適切に自動化された実験手順を組み立てないかぎり、実験者とモニターされる生命体との間の繋がりを取り除くことはかなり困難であるように思われる。

バイオコミュニケーションの実験をきちんと行なうためには、以下に挙げるような一見大したことではなさそうなディテールが、実は実験の重要なファクターになりうるということを、研究者は仮にでも認める必要がある。

・実験に使う植物は、実験の一時間か二時間以上前から実験室に運び込まれていなかったか?
・植物の実験が行なわれているのと同じ時間に、研究所内で他の動物実験が行なわれていなかったか?
・実験中に、植物の近くで、他の生命体が傷つけられたり、殺されたりしていなかったか?
・実験される植物と実験する人との間に、すでに繋がりがなかったか? 毎日水をやるなどのことでも繋がりが形成されるように思われる。
・他にもさまざまな妨害が一つでもなかったか? たとえば、雑音、訪問者、電話の会話など。

そんなことは重要ではないと主張するのは簡単だが、わたしの経験では、実際、それが重要なのだ。のちほど、「植物 - 小エビ」の実験を追試しようとして失敗した例を二つほど詳細に紹介するが、その失敗の原因は、実験の自動化および実験者の意識の影響を実験から排除することに失敗したことだった。単に実験装置の操作を自動化すればいい、という話ではまったくないのである。

——原　註

1．小エビを植物に対する刺激として使うために殺した実験の論文が出てから三五年の間に、われわれは手紙と葉書をそれぞれ一通受け取った。どちらも、殺された小エビに代わって苦情を訴えるものだった。

第四章　科学者と一般社会の最初の反応

この章では、科学者と一般社会からの当時の反応を紹介したいと思う。反応は主に植物に関する研究に対してだが、実はこのとき、わたしはすでに卵やバクテリア、ヒトの細胞を対象にした予備観察を進めていた。この観察の模様は、このあとの三つの章にわたって述べていくつもりだ。

さて、植物と小エビの実験が活字になると、一般の人たちが強い関心を示した。報告論文のコピーの要請もかなりあり、多方面に配付することになった。また科学的な見地から興味を示した反応もたくさんあった。さらに『エレクトロ・テクノロジー』誌の一九六九年春季号にちょっとしたコラムと紹介記事が掲載されると、科学分野の専門家たちから、もっと詳しい情報を知りたいという要望が四九五〇件も寄せられた。高い評価を受けている哲学雑誌『現代思想における主な潮流』に、フリッツ・クンツは次のように書いた。[*1]

ときに、科学、特に生物学の分野から、哲学的に重要な示唆を含んだ実験が現れることがある。クリーヴ・バクスター氏は、人間を対象にその感情的刺激を調べるために使われるポリグラフに似た機器を用いて、植物が不安、恐怖、喜び、安心などを示すことを発見した。彼が到達した結論の一つはこういうものだ――真剣に考えると呆然としてしまうかもしれないが、一つの同じ生命信号がすべての創造物を結びつけているのかもしれない。

イェール大学での興味深い実験

一九六九年一一月三日、イェール大学の言語学部で講演した後、学生寮の二階にあるゲスト用宿舎に戻ったわたしは、あらかじめ呼んでいた数名の大学院生と面会した。彼ら自身の手で植物にGSRの電極を取りつけさせ、実際に観察してもらおうと思ったのだ。ポリグラフは持参していた。実験に使える植物があるかどうか訊ねると、建物の外壁一面にツタが這っているという。木から摘み取った葉っぱに電極を付けて成功したことがあるので、わたしは彼らにツタの葉を一枚摘み取ってきてもらい、ポリグラフに繋がった二枚の感知板の間にそれを置いてもらった。それから、あたりに小さな虫がいないか、学生たちに訊いた。虫を使って植物から反応を引き出し、ポリグラフがそれを記録するのを見るためだ。学生たちは、部屋のあちこちに巣を張りめぐらしているクモ――厳密に言うと虫ではないが――を捕まえてきた。ここニューヘイヴンのどこにでもいるやつだ。それからクモを机の上に置き、一人の学生が、逃げようとするクモを両手で囲い込んだ。この間、ツタの葉からは何の反応もなかった。しかし学生が手を机から離すと、逃げられることに気づいたクモが走り始める直前に、記録表に大きな動きが示された。われわれはこれを何度か実験して確かめた。

その後、学生たちはクモを放すことにし、一階に通じるカーペットの敷かれた階段へとクモを追いやった。それから、ひとりの学生がそのクモを探しに、ほの暗い階段を下りて行った。その間、他の学生たちはポリグラフの前に陣取った。階下に行った学生がクモに接近したことが記録表に現れるかどうか見ようというのだ。「どこに行ったのかわからないよ」という声が下から聞こえると、二階でポリグラフを見ている学生が、「こっちはなんの反応もないぞ」と応じた。つまり葉に何も反応がないという意味だ。そのすぐ後に、「待てよ、何か反応してる」とポリグラフを見ている誰かが言うと、「見つけた!」という声が下から聞こえてきた。そして、「つかまえた!」という声がした瞬間、二階の学生たちは目の前の記録表が大きく動いたのを目撃した。

この夜観察したことは、イェールの大学院生たちにとって異例のものだったのではないだろうか。大学の科学入門コースではおそらく、そのようなことはありえないと教えるだろうが、そんな教育から解放される出来事に遭遇したのだから。この集まりに参加した学生たちの人生は、これを境にきっと変わっていくことだろう。翌日、余韻さめやらぬ彼らは、大学のラジオ番組で放送すると言って、わたしにインタビューした。しかしインタビューは放送されることはなかった。たぶん、放送担当の人は、バイオコミュニケーションというテーマをどう考えたらよいかわからなかったのだろう。前夜の出来事を自ら目撃していなければ、それも致し方ないことかもしれない。

好奇心の塊たち

こうした時期、わたしは自分を、なにか結論めいたものを達成しつつあるというよりは、研究の触媒のような存在と感じていた。研究室には、好奇心の塊のような人たちが次々と訪ねてきた。有名な霊媒師のアーサー・フォードも友人と一緒にやって来た。彼の最後の著書、『死を超えた生』のエピローグで、彼はこう書いている。

クリーヴ・バクスター氏は、ポリグラフを用いて植物が周囲の出来事――特に人間の意図――に感情的に反応することを見せてくれた。このことは、われわれを取り巻いている環境が、けっして心を持たない屍ではなく、生命と感受性をもったものであることを示している。また彼は、感情的意図を伝達する力――それはいまだ科学によっては計測されたこともなく、正体を突き止められてもいない――が、たとえ鉛やコンクリートの壁であろうと、物理的障害を簡単に突き破ることも教えてくれた。生きとし生けるものすべてが、あまねく満ちている微細なエネルギーから常に影響を受けているのである。[*2]

マスコミとの交流が始まる以前、わたしは実験報告を科学雑誌に掲載するにあたっては、科学的なプロトコルに慎重に従っていた。研究が雑誌に載ると、数多くの本で参照文献として取り上げられ、一般の雑誌にも好意的な記事がたくさん載った。最初に特集として取り上げてくれた雑誌は『ナショナル・ワイルドライフ・マガジン』一九六八年三月号で、一九六九年二・三月号に記事の続編が載った。続いて『アーゴシー』『マコールズ』『ハーパーズ』が特集として取り上げた他、『リーダーズ・ダイジェスト』や『サタデーイブニング・ポスト』にも記事が載った。この他、『クリスチャン・サイエンス・モニター』『ウォールストリート・ジャーナル』などの全国紙も好意的な記事を載せてくれた。有名な『ライフ』誌のスタッフも興味を示して、一連のインタビューを受けたのだが、残念なことに一九七二年一二月、わたしの記事が出る直前に雑誌は廃刊となってしまった。一九七三年、ピーター・トンプキンズとクリストファー・バードによる『植物の神秘生活』[*3]（邦訳、工作舎）が出版された。この本は『ニューヨーク・タイムズ』のベストセラー・リストに入り、世界の多くの人々に、それまでほとんど未知の世界だった植物の生活のさまざまな側面を知らせることになった。

テレビ出演

全国ネットのテレビは、研究を世間に広く知らせるのに非常に役立つものだということがわかった。テレビ（ラジオは無論）のトークショーから出演依頼が殺到したのだ。そのなかにはジョニー・カー

図4A　デイヴィッド・フロスト（左）とフィロデンドロン（TVのショーで）

ソン・ショー、アート・リンクレター・ショー、マーヴ・グリフィン・ショー、デイヴィッド・フロスト・ショーなどの有名な番組も含まれる。デイヴィッド・フロスト・ショーに出たときのことは今でも鮮やかに覚えている。テレビでの実演に使っていた、電極を取りつけたフィロデンドロンについて、それは男性か女性かとデイヴィッドからしつこく質問されたのだ。そんなに知りたいなら、葉っぱを持ち上げてのぞいてみたら、とわたしは応じた。すると、彼が植物に近づくより早く、装置が大きな反応を示し、これにはスタジオの観客も大笑いだった。

テレビでインタビューを受ける際には、自慢気に聞こえないように気をつけていた。テレビとは情報をばらまくマスメディアであり、テレビ・ネットワークが三つしかなかった当時、自分が何百万という視聴者に情報を送っていることを自覚していたからだ。

かつては、何か科学的大発見があっても、皆が示し合わせて沈黙するような感じで、それを無視することがあったらしい。しかしわたしの研究については、テレビ放映されて九〇〇～一〇〇〇万もの視聴者に知られた以上、そのような心配は無用だった。わたしは広報担当者を雇うこともなく、また、方針として、自分から積極的にテレビやラジオに売り込むこともしなかった。

議論沸騰

一九七一年、雑誌『カタリスト *Catalyst*』（Vol. 2, No.1）に「植物が人間に同調することが発見された」という記事が掲載された。次号の「編集者への手紙」欄に掲載された読者からの反応はおおむね好意的なものだった。しかしなかにはそうでないものもある。同じ号で読者からの意見に反論する機会を与えられたので、イェール大学教授から送られてきた意見と、それに対する返答を紹介したいと思う。

この記事については遺憾である。記事は、植物には特殊な能力があるように推定しているが、これを支持するような、論理的に整合性のある科学的証拠は存在しない。こうした記事は、とりわけ科学の心得のない読者を間違った結論に導く恐れがある……。

この意見を寄せたイェール大学の林学教授ウィリアム・H・スミス教授に対して、わたしは次のように応じた。

もし、スミス教授が述べられている、「論理的に整合性のある科学的な証拠」というものが、これまでの伝統的な植物学の情報に一致するデータという意味ならば、教授は確かに正しいでしょう。しかし、それが「科学的実験法に基づいた証拠」を指しているならば、同意することはできません。自分たちに都合の悪い証拠を無視することと、科学的な証拠がないということを、混同してはならないと思います。植物の生活に関しては、これまで膨大な量の資料が活字になっていますが、どうやらスミス教授はそれらをご覧になっておられないようです。

五〇年前、ジャガディス・チャンドラ・ボース卿が著した、広範囲にわたる植物研究の結果を書いた論文は、科学者たちから完全に拒絶されました。ボース卿は、非常に洗練された器具を用いて、科学実験の方法に綿密にのっとった実験を行なった人でした。彼は、確固たる自信を持って、植物は感情と同じものを体験していると述べました。

また二五年前には、多くの科学者たちは、イェール大学のハロルド・サクストン・バー教授が行なった膨大な植物研究の結果を拒否することを、正しいと考えました。バー教授は、一〇年間にわたって、一本の樹木の電位活動を表に記録しつづけた人です。その結果は見た者を驚愕させました。もしも科学界がバー博士のような研究に対して当時理解を示していたならば、わたしの研究結果を知ってもこれほどの衝撃は受けなかったでしょう。「自分があまり知らないことを批判してはならない」という古い格言があります。この言葉は、なんらかの科学的態度を示しているように思われます。生長した木にポリグラフを取りつけてしまった者として、わたしは、どんな科学者でも――特に林学に関係している人は――同じことをしたなら、きっと驚くだろうと確信しています。

ソヴィエトの科学者たちの反応

一九七二年、ソヴィエト連邦のV・N・プーシキンという科学者が、「花よ、思い出せ！ Flower, Recall!」と題した一般人向けの記事の中で、わたしの植物研究を再現することに成功したと書いている。追試に用いられたのは、皮膚電気反応計（GSR）ではなく脳波計（EEG）だった。被験者は非常に注意深く選ばれた。彼らは、育てているゼラニウムに脳波計を接続し、そこから約一メートル離れた場所に被験者をすわらせて催眠術をかけ、植物と同調させた。その結果、ゼラニウムは、被験者が催眠暗示によって感情が刺激されるたびに反応を示したのである。

この一九七二年の記事の中で[*4]プーシキンは次のように述べている。「RNA（リボ核酸）は、特殊な遺伝子コードからなる情報を一つに集め、その情報をもとに、タンパク分子を合成するように伝達する。現代の細胞学および遺伝学の研究は、生きた細胞の一つひとつが非常に複雑な情報伝達を行なっている事実を目撃している」。彼はさらに、進化論から見て、動物／神経細胞は植物細胞の後にできたものと推測し、次のように述べている。「以上のことから見て、動物行動の情報基盤は、植物細胞の情報基盤から現れたものと言ってよいと思う。このように、人間の精神は、どんなに複雑に見えようと——知覚作用も、思考も、記憶も——すべては、植物細胞の次元にある情報基盤が特殊化したものでしかないようだ」。そして彼は自らの発見からこう結論づける。「生きている細胞には、たとえ神経がなくとも、精神のようなものが存在する。少なくともそう見える。一つ確かに言えるのは、植物と人間との接触に関する研究は、現代心理学でもっとも急を要する問題のいくつかに解決の糸口をもたらすことができる、ということだ」

ところでアメリカ国内では、わたしの研究に対して公にコメントする研究者はほとんどいなかったが、東欧から思いがけない申し出が飛び込んできた。一九七三年六月、プラハで開かれる「意識工学《サイコトロニクス》研究国際会議」で、七つの分科会の中の一つの分科会会長に指名されたのだ。わたしが会長を務めた分科会は、「植物・動物・人間間のコミュニケーション」というタイトルだった。驚きながらもうれしかったのは、そこに出席していたソヴィエト連邦の名だたる科学者たちがわたしの研究に称賛を惜しまず、一緒に写真に収まってくれとまで言われたことだった。どうやらわたしの研究は、自国から遠く離れた国で学問的興奮をかきたてていたようだ。

『クリスチャン・サイエンス・モニター』

ここに、『クリスチャン・サイエンス・モニター』紙に掲載された記事から、一部コメントを引用して紹介したいと思う。これらはフレデリック・ハンターが記事を準備している間に入手したもので、記事は一九七三年の一二月一一日号に掲載された。ここに見られる高名な科学者たちのコメントから、わたしの研究に対する七〇年代の典型的反応がうかがえるだろう。

「時間の無駄」と言い放ったのはハーバード大学生物学部の教授であるオットー・ソルブリクだ。「こんな研究は科学を一歩も前進させません。植物のことは、われわれはもう十分に知っているのです。だからこんな類のことを持ちだしてくる人物がいたら、いかさまと呼ぶしかありません。それは偏見だと思われるかもしれません。実際、そうかもしれませんが」

「この分野はいかさま師、山師、専門の資格を欠いた連中を惹きつけるのです」とイェール大学教授のアーサー・ガルストンは言う。「まっとうな研究者たちの多くは、あえてこの分野には近づかないようにしています。わたしはバクスター氏の言う現象などありえないと言っているのではありません。そうではなく、これよりもっと研究すべきことがたくさんある、ということなのです」。教授は続ける。「確かに植物があなたに耳を傾けているとか、祈りに応えると考えること自体は面白いでしょう。しかし植物には何もないのです。植物には神経組織は存在しません。植物に感情を伝達しようにも、そんな方法はないのですよ」

もう少し好意的なコメントを、当時スタンフォード研究所の精神科医であったハロルド・プットホフ博士が述べている。「わたしはバクスター氏の研究をいかさまだとは思いません。彼の実験方法はよくできています。彼の研究のことをだめだと考えている人々の大半は、実験がいいかげんだからそう思っているわけではないのです」

音楽、植物、マーセル・ヴォーゲル

一九七三年、ドロシー・リタラックが『音楽と植物』[5]という本を著した。これは、現在はデンヴァー大学に統合されている当時のテンプル・ビューエル・カレッジで行なわれた一連の綿密な実験について述べたものだ。同書はおそらく絶版になっていると思うが、彼女の実験の詳細は、トンプキンズとバードの『植物の神秘生活』の第一〇章に述べられている。

マーセル・ヴォーゲルが植物のコミュニケーションの研究に関わったのは、彼が化学研究員として勤務していたカリフォルニア州ロスガトスのＩＢＭ社から受けたある依頼がきっかけだった。ＩＢＭのエンジニアと科学者たちに「創造性」について講演してほしいと要請されたのだ。ちなみに、このときの経緯も『植物の神秘生活』第二章に詳しく書かれている。当時、わたしはヴォーゲルの研究に

図4B　左からリチャード・アレン、マーセル・ヴォーゲル、ドロシー・リタラック、私

ついて詳しいことは知らなかったが、彼がわたしの研究を真摯に受けとめてくれた最初の科学者だ、ということは話に聞いて知っていた。写真（図4B）は、リチャード・アレンが、熱心な植物研究者に声をかけてロングビーチに集まったときのものだ。

グレインジャー博士の挑発

コーネル大学の生物科学部門の助教授だったチャールズ・R・グレインジャー博士は、自分の受け持つ学生たちに、すでに論文になっていたわたしの「植物と小エビ」実験の追試を行なわせた。[*6] ところがまだ結果が出ないうちに、彼はセントルイス州にあるミズーリ大学の生物・教育部門の助教授として赴任することになり、そのため学生たちは、エドガー・L・ガスタイガー教授の指導を受けることになった。どうもこのガスタイガー教授が、結果の提出に締め切りを設けたらしい。学生たちはプロトコルの問題に対処する時間を十分に与えられず、出た結果は不完全なものとなった。こうした状況にもかかわらず、ガスタイガー教授はこれを「追試に失敗」と決めつけ、そのうえ、一九七五年の米国科学振興協会（AAAS＝American Association for the Advancement of Science）で、わたしの研究の信憑性に対する攻撃材料として使ったのである（本章後半で詳述）。

一九七四年三月に開かれたミズーリ大学の「科学と人間会議」で、グレインジャー教授は次のような言葉でわたしを紹介した。かなり挑発的な内容なのでここに紹介したいと思う。

ある夜遅くのこと——人によっては早朝と呼ぶかもしれませんが——とてもおかしなことが起こりました。一九六六年二月二日のことです。そう！　これはクリーヴ・バクスター氏が植物にも感情があることを発見した日です！　確かに、そう言うのは正しいと思います。しかし、それ以上のことが起こっていたのです。何かと、おっしゃるんですか？　それは、この前の木曜の夜にリグデン教授がおっしゃったように、われわれ科学界の前提条件が、門外漢の個人によって攻撃されたという事実です。

バクスター氏は二五年以上にわたって、精神電流反応（psycogalvanic reflex）測定器を用いてさまざまな行動研究を行なってきました。彼はポリグラフ操作の世界では大変著名な人物です。効果的かつ広く利用されているゾーン比較によるポリグラフ技術を開発したのはバクスター氏です。彼はまた、ポリグラフの専門家として、長い間アメリカ陸軍やＣＩＡに関わってきました。さらに、政府内でのポリグラフ使用に関して行なわれた国会質疑では、専門家として証人に立っています。現在バクスター氏は、全米ポリグラフ協会の委員を務めています。つまり、言いかえれば、バクスター氏は、ポリグラフ機器とその操作において、世界的に認められた権威なのです。

さて、彼は技術面において優れているだけでなく、教師でもあります。そしてこの二つの面が組み合わさったことで初めて、彼は自然への興味を証拠立てることができたわけです。ここで問題です。こうした専門的知識しかない人物——つまり、植物学者や植物生理学者としてアカデミックな訓練を正式に受けていない者――が、いかにして、確立された科学界の前提条件に挑戦する大胆さを持ち合わせたかということです。異端？　とおっしゃいますか？　たぶんそうでしょうね。

一九六六年のその朝、クリーヴ・バクスター氏は、植物は感情を感知することができると証明しようとしていたのでしょうか？　いやまったく違います！

何時間もポリグラフの仕事をしていた彼は、休憩をとって自分のオフィスにある植物に水をやることにしました。このとき、もともと好奇心が強い彼は、ポリグラフを植物に繋いだら、水が植物の根から葉まで吸い上げられる速度を測ることができるのではないかと、ふと閃いたのです。ずいぶん単純な疑問だなあと考える方もおられるかと思います。

彼はこのとき、何かを証明しようと思ってはいませんでした。お金がからんだ契約や研究費の申請などもしていませんでした。彼は、主流科学界で多くの研究者たちが手を染めている助成金獲得術とやらを使ったわけでもありません。彼は単に、自分の周りの環境について自然に湧いてきた疑問を解こうと思っただけなのです。

この朝の彼の行動が非凡であったことは、問題を提示たり催眠を公式化したことではなく、彼が環境をどう知覚していたか、異常なものをどう理解したかにあります。彼は、当時植物に関して考えられていた仮定を実在のものにする能力を持っていました。彼は科学的な意味で真に創造的だったのです。

さて、このよそ者が犯した「違犯」は、既存の科学者たちにどう受け取られたでしょうか？「偏見のない」学者たちのコミュニティは、予想どおり、ほとんどが却下しました。加えて言うなら、彼ら自身で研究することもなしに、拒絶しました。

こういうと、わたしがなにか物語りでも話しているように聞こえるかもしれませんね。確かに科学の歴史で、これまでに何度も聞いたことがあるストーリーです。ガリレオの発見、コペルニクスやダーウィン、ドルトン〔原子説を提唱〕、ニュートン、新しいところではアインシュタインはどうでしょう？まったく新しい考えを発表したときに彼らの前に立ちふさがった問題と、バクスター氏が直面したものは同じではありませんか？

われわれは、自分たちが植物や動物に対して現在抱いている考えに合わないからと言って、新しいものを拒否するという昔ながらの罠にはまっていないでしょうか？　たぶんそうなのでしょう。では本当に植物の感情などという現象があるのでしょうか？　たぶん、あるのです。それでは、クリーヴ・バクスターさん、どうぞこちらにおいでください。

国会で質問に答える

一九六六年から現在に至るまで、わたしは科学者たちに自分の観察したことを見せたり、また自分の仲間だけでなく名声ある科学者たちの前で講演したりして、彼らの境界を侵犯してきた。もちろんわたしの行動は、科学の伝統が要求していることでもあった。一九七四年七月、わたしは第九三回米国国会の小委員会で、ポリグラフに関する証言を行なったが、そのとき次のような質問を受けた。「あなたは植物に関してなんらかの実験を行なっていると理解していますが、これは正しいでしょうか?」これに対してわたしは、自分の研究の概観を短く説明するにとどまったが、その際に、一九六九年三月以降、研究者や学者を対象に行なった三四回の講演リストを用意したので、記録を調べてくださいと申し添えておいた。

この時期にわたしが招待された講演の規模がどの程度のものだったかは、ミシガン大学で開催された「未来世界についての講演シリーズ」のポスターを見ればわかってもらえるだろう（図4C）。同ポスターに挙げられている名前は、米国最高裁判所長官のウィリアム・O・ダグラス、SF界の巨匠アーサー・C・クラーク、天才的建築家バックミンスター・フラー、意識研究で有名なスタンリー・クリップナー、超心理学の父J・B・ライ

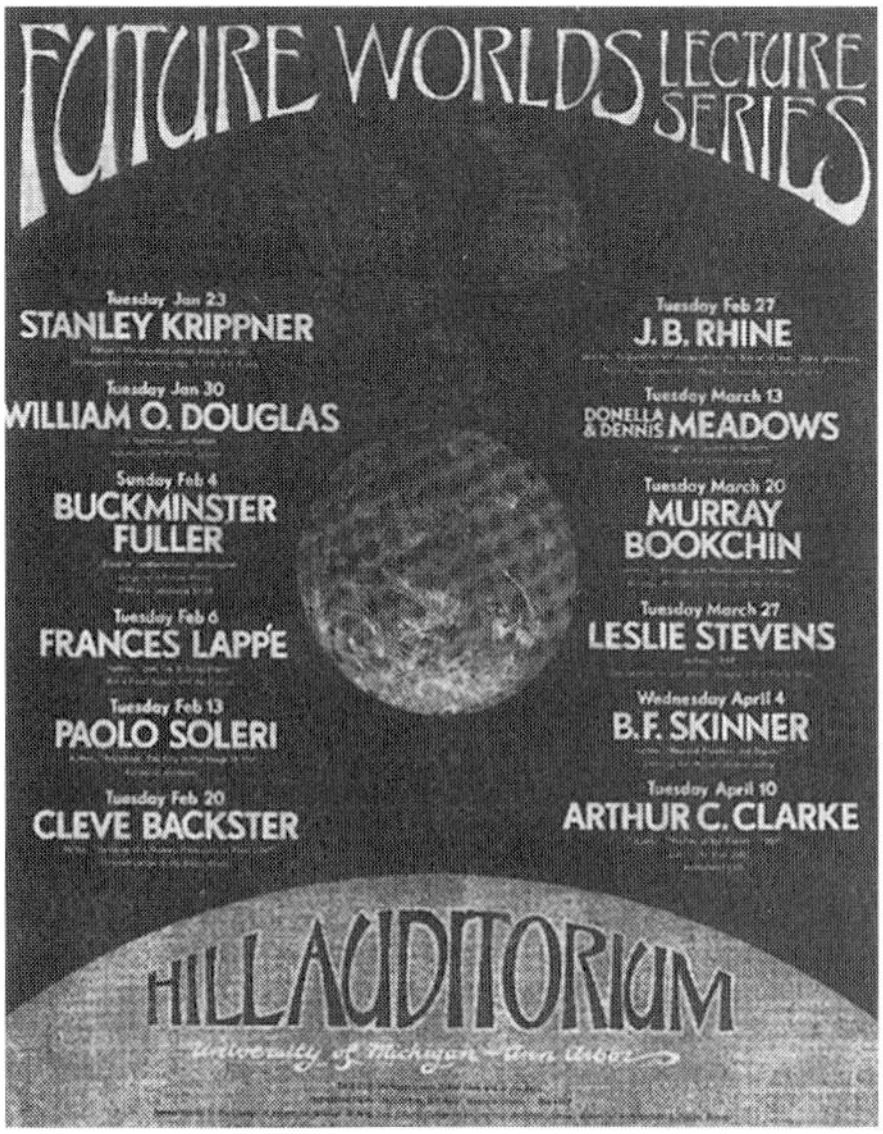

図4C　ミシガン大学「未来世界についての講演シリーズ」のポスター

ン、多大な影響力をもつ心理学者B・F・スキナーなど錚々《そうそう》たる人物ばかりだ。

一九七四年、ワシントンDCのマンカインド・リサーチ・アンリミテッド社から、「呼び覚まされた植物の生物学的反応 Evoked Biological Responses of Plants」と題された註釈付きの文献目録が出版された。これは、バイオコミュニケーションを取り上げた世界中の本、機関誌、雑誌、新聞の目録で、全部で一五〇余り載せられているが、ほとんどが直接・間接にわたしの仕事に言及していた。序文を書いたのは、超心理学の分野では知らぬ者のいないスタンリー・クリップナー（現在カリフォルニア州サンフランシスコのセイブルック研究所に所属）で、わたしの研究に触れて次のように書いている。

もし植物が、未発達の神経組織または高感度の生体電気場（sensitive bioelectric field）の動揺（perturbations）によって原初的知覚を示すなら、この能力は、低次元の生命体だけでなく人間も含む高次元の生命体にも存在する可能性がある。植物の研究が進めば、人間の被験者の中に見られるテレパシーや透視能力、予知、念力などの解明に大いに役立つであろう。

米国科学振興協会の会議で反撃したこと

一九七五年、ニューヨークで開催された米国科学振興協会で、わたしは、わたしの研究に対する批判に対して反論を行なった。この集会では一七八の分科会が行なわれたが、このうち個人で記者会見を持ったのはたった一〇件にすぎず、わたしの分科会はその一つだった。また主催者は事前に、米国科学振興協会のテープ・ライブラリーに入れるために、これら一〇の分科会の模様を記録することに同意していた。わたしの分科会のタイトルは「外界からの刺激に対する植物の電気的反応」というものので、発表者は五人いた。そのうちの一人は、前に紹介したエドガー・L・ガスタイガーで、わたしの批判者である。もう一人、ジョン・M・クメッツは、サン・アントニオにあるサイエンス・アンリミテッド研究財団に所属している生物学者である。この研究所は、チャーチズ・フライド・チキンの創設者ビル・チャーチがバイオコミュニケーション研究を進めるために設立したものだ。残る二人は、わたしの研究にそれほど否定的ではなかった。各人の発表時間は二〇分。つまり、わたしを除いた参加者はそれぞれ二〇分ずつ、計八〇分、わたしの研究には基盤がないと批判できるのに対し、わたしには二〇分しか反論する時間がないということになる。司会者はこれもすでに紹介したイェール大学の植物学者アーサー・ガルストンで、わたしは批判の矢面に立たされることを覚悟していた。

さて、サンディエゴからニューヨークに発つ前、わたしは参加者に配るために四〇〇人分の参考資料の包みを用意した。それには、「植物における原初的知覚の証拠」として発表した論文の他に、当時まだ高校生だったダニエル・キャロン[*7]に協力してもらって作成した著書目録が入っていた。この目録には、われわれが適切だと考えた科学系の出版物から選んだ一〇九の参考文献を載せた。また、当時ソヴィエトの科学者たちが行なっていた研究の資料と、一九七四年に国会で証言した際のコピーも入れた。しかしわたしは、米国科学振興協会の広報事務局にこれを持ちこむときに、万が一のことを考えて、四〇〇人分の半分の二〇〇包みだけを運び、残りの二〇〇人分はホテルの自分の部屋に置いておいた。結局わたしの恐れは現実のものとなった。われわれの分科会討論が行なわれる前日、記者会見をする場になって、米国科学振興協会のスタッフが、わたしが預けておいた二〇〇個の資料袋が紛失してしまったと言ってきた。そしてその場にいた人たちに、わたしの研究に好意的とは言えない一ページの短い文を配ったのである。わたしは「ちょっと待ってください」と言って、自分の部屋に戻って残りの二〇〇袋を持ってきた。そうして、アメリカおよび外国の科学記者たち一五〇人余りに配った。その後、資料が欲しいという声がたくさんあったために、結局、広報事務局ではわたしが最初に渡した二〇〇人分の資料を探し出して、希望者に配ることになった。

こんなことがあった翌日、わたしは分科会の討論で「原初的知覚の父」と紹介された。しかし、立ち上がって話しはじめたわたしは、こう言わざるをえなかった。「みなさんがわたしの研究を受けとめている態度は、まるで未婚の母に対するようですね」。ここでは批判的な人たちから探るような質問が出たが、容易に反論できるものばかりだった。米国科学振興協会のスタッフはよほどあわてていたのか、時間になっても録音を始めず、そのうえわたしのスライドを全部床に落としてしまった。幸いスライドに番号を打っておいたので、すぐに番号順に並べることができたが、当然、この間に費やした時間は延長してもらった。このときの参加者から出た質問は、ひじょうに積極的な関心からなされたものが多かった。

このようなイベントに参加して論戦に勝利するのは至難の業だ。なんとか切り抜けただけでも満足とすべきである。いろいろあったが、わたしは、このように権威あるシンポジウムに参加する機会を与えてくれたことを開催者に感謝しつつ会場を後にした。今でもわたしは、一九六六年以来ずっと米国科学振興協会の会員である。

『サイエンス・ニューズ』誌に米国科学振興協会シンポジウムの記事が載る

ニューヨークにおける米国科学振興協会のシンポジウムに関して、次のような記事が『サイエンス・マガジン』の普及版で、世評の高い『サイエンス・ニューズ』[*8]一九七五年二月八日号に載った。

〈植物の超常現象《サイ》にため息《サイ》をつく科学者たち〉

植物の超常現象に関する理論は昔からあったが、一般には支持されていても、科学者たちからは例の科学的やり方で、証明不可能として片付けられてきた。科学者たちに訊いてみるがいい。その通り、と言うだろう。ところが、不沈艦たるクリーヴ・バクスター氏は、この問題全体に対して、人とは違った「原初的知覚」の持ち主のようである。植物が人間の思考や行動に「感情的に」反応するという理論の父であるバクスター氏は、先週ニューヨークで開催された米国科学振興協会の集会で、賢く謹厳な専門家らに立ち向かった。バクスター氏が相手にした科学者たちのうち二人は植物生理学者で、氏の研究にぽっかり開いた矛盾を指摘するのに最も適した人たちだった。一方でバクスター氏は、過去数年続けてきたことをここでも行なうために出席していた。すなわち、植物の超常現象という自らの観察結果を攻撃から守るためである。

ポリグラフの専門家として長い経験を持つバクスター氏が、植物の超常現象という理論を導き出したのは一九六七年である。あるとき植物にポリグラフを接続したバクスター氏は、記録用紙にさまざまな形が現れることを観察した。そしてそれは、彼の思考や行動——たとえば葉っぱを焼くとか小エビを殺すといったもの——と時間的に完全に一致しているようであった。彼はこの実験に関して、超心理学雑誌に三つの論文を書いたが、以降、この結果に関する実験は行なっておらず、論文も書いてはいない。

バクスター氏は、やがてこの研究のおかげで名士となった。特にピーター・トンプキンズとクリストファー・バードが一九七二年に『植物の神秘生活』を著して彼の研究を取り上げて以来、世界にその名を知られるようになった。しかし、植物を育てている人たちの多くが緑の友人に気持ちを傾けるようになるのと平行して、植物学者の中には、彼のたわごとに反論すべきと考える人も増加した。彼らは、反論するにはバクスター氏の実験を追試してみることが一番の近道と考えた。そして追試からわかったことを発表する絶好の場として、米国科学振興協会のシンポジウムを選んだのである。

シンポジウムの記者会見およびワークショップにおいて、コーネル大学の生理学者エドガー・L・ガスタイガー氏および、サン・アントニオのサイエンス・アンリミテッド研究財団のジョン・

M・クメッツ氏は、バクスター氏の観察結果の追試に失敗したと発表した。彼らは、植物の生体電気活動と人間の思考・行動の間になんらかの相関関係を示すようなものは何一つ見られなかったと語った。そしてバクスター効果を反証しつつ、クメッツ氏は、植物の超常現象がどこから来たものかに触れた。彼の結論では、植物の超常現象の真相は、バクスター氏が用いた電気機器から発生した偽物の電気信号に過ぎず、それが増幅され、そうした信号に対する遮蔽対策が講じられていない機器によって記録されたものであると主張した。

これに対して、自らを「科学的実験法の遵守者」と呼ぶバクスター氏は、自分の実験は適切だったと主張、他の人の実験について、氏と彼らが使用した機器との少々の違いも含めいくつかの点で批判した。彼は、他の研究者らが使った植物や小エビの意識はすでに研究室の環境に影響されてしまっていたと述べた。イェール大学の植物学者であるアーサー・L・ガルストン氏はこの批判に対して、「実験が信頼できるかどうかは、再現性にかかっている」と反論。科学的普遍性は、絶対に、実験に使った用具に依るものにしてはならないと述べた。

この後、バクスター氏がヨーグルトの培養菌の中にも超常的反応が見出されたことを発表すると、クメッツ氏も負けじとこの実験の追試に失敗したことを発表、記者会見の会場は混沌とした様相となった。会見後、不沈艦たるバクスター氏は、ホールにおいて、二〇名余りの記者の前でヨーグルトの実験を行ない、大いに楽しませた。見ていた研究者たちは、動揺、苛立ち、当惑を隠し切れなかった模様である。

ところで、どういう理由で、研究者たちはこれほどまでにバクスター氏を攻撃するのだろうか？

人が植物とコミュニケーションができると信じてどこが悪いのか？　ガルストン氏によれば、科学者には、一般の人たちが自然について信じていることと、自分たち科学者が信じていることの間のギャップを埋める責任があるのだと言う。さらに、こうした似非《えせ》科学的思考を信じて、病気に冒された畑の写真に放射線を照射することで虫を駆除できると信じる人たちもいるのだと言う。ガルストン氏によれば、こうした思考は、「食糧問題を抱えた世界にとって有害なたわごとである」ということだ。

このワークショップの成果は？　というサイエンス・ニューズ記者の質問にガルストン氏は、「初めてバクスター氏自らが、研究者と記者たちの前で、自分は九年前にたった一回の実験を行なっただけで、それ以来行なったこともなければ、何か証明したこともない、と言ったことです。われわれは、いつものことだが、初めから、彼の最初の研究を疑っていたのです」と語った。

一方でバクスター氏の方もまったく動じていない。「彼らは一つも反証できていません。この現象は本物で、どこにも消えたりしないのです。あそこにある葉っぱが生きている、それと同義なのです。わたしはこれからも研究を続けますし、他の研究者も研究してほしいと思います」と意気軒昂だ。

実はこのシンポジウムは、主流の科学コミュニティがわたしを公開の場に参加させてくれた、これまでで唯一の正式な集会だった。そしてこのシンポジウムのおかげで、たくさんの研究者がわたしの研究に興味を持ってくれた。特に、自ら信奉し守るべきと思っている生物学理論や知識を持っていない人はそうだった。逆にいえば、アーサー・ガルストンは、守らなくてはならないものがあったと言える。彼は、他の人に先駆けて中国を訪れた数少ない科学者のひとりである。そうして帰国後、鍼《はり》治療の驚異的効果について語り、麻酔の代わりに鍼を使った無痛手術を見たことを話した。彼はこの件では心を開いたけれども、自分の専門分野である植物学では自分の信仰を防衛したというわけだ。

さて『サイエンス・ニューズ』は記事の中で、わたしが単に撃沈されるのを拒否したという理由で、「不沈艦たるバクスター」と二度も書いている。人類学者マーガレット・ミードもこの集会に参加していたのだが、この高名な学者は友人のジーン・ヒューストン〔心理学者〕に、「あの人たち、バクスターを撃沈したいにしても、ずいぶんへたなやり方ね」と感想をもらしたらしい。この会で彼女と話す機会がなかったことは残念だが、一九七一年にジーン・ヒューストンと彼女の夫のロバート・マスターズがわたしの研究室を訪問してくれたのはうれしい出来事だった。

ところで、一九七五年の米国科学振興協会のシンポジウムに参加したことで、面白いことがあった。わたしがヨーグルト中の生きているバクテリアを研究に使っていると発表したことから、ニューヨーク市の有名なヨーグルト会社が問い合わせてきたのだ。彼らはとても当惑していた。真実ではあっても、彼らのお客様には、生きているバクテリアを食べているのだということを知られたくなかったようだ。わたしとしては、バクテリアにも、良いバクテリアと悪いバクテリアがあることを一般の人たちに教えることが必要なのではないかと思った。ともかく、ヨーグルトを使った研究について説明を受けた彼らは、その後、わたしとはいっさい関わらないと決めたようだ（ヨーグルトの実験については第六章で紹介する）。

この他、一風変わった反応は、やはりこれもヨーグルトに関することで、「研究者、ヨーグルトが話すと主張」という記事が『エスクワイア』誌一九七六年一月号に載った。わたしのヨーグルト研究は、この雑誌が選んだ一九七五年の「疑わしい仕事で賞」候補一〇〇件の中に入っていた。このうち、表紙になったのは数件でわたしの仕事もその一つだった。『エスクワイア』誌の記事はこんな調子だ。

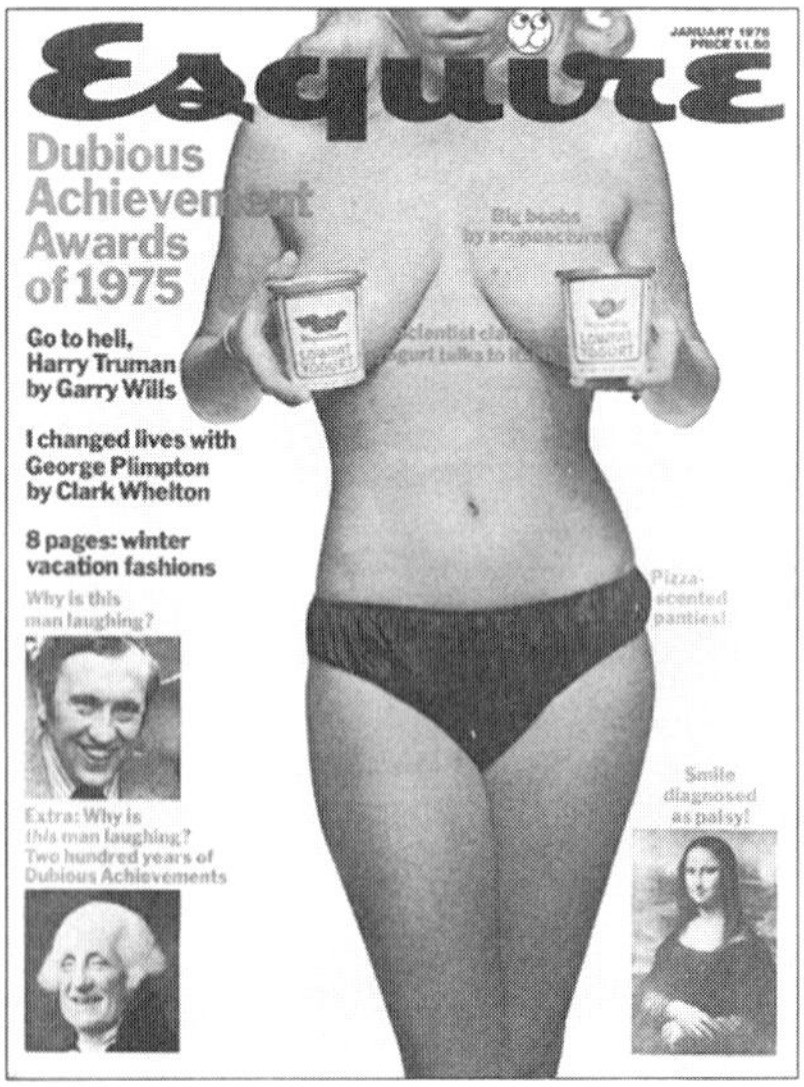

図4D　エスクワイア誌の表紙。女性が手にしているのはヨーグルト

「ボイゼンベリーからプルーンさんへ、ボイゼンベリーからプルーンさんへ。わたしの心を読み取っていますか？」嘘発見器の専門家であるクリーヴ・バクスター氏は、米国科学振興協会の年次集会で、彼の研究室の端と端に置いたヨーグルトの間に電気インパルスを検出したことを発表

した。バクスター氏によれば、カップの中のバクテリアは連絡しあっている、ということだ。

わたしのヨーグルト研究の結果を述べるにしては風変わりで、変わった宣伝媒体だった。それを別にすれば、言っていることは別に間違ってはいない。

追試に失敗する理由

ジョン・クメッツとアーサー・ガスタイガーが米国科学振興協会シンポジウムで行なった発表は、彼らの実験に問題があることを明るみに出すものだった。彼らは、実験を適切な方法で自動化していなかったのだ。実験に使われた植物は、七日も前から保管室に置かれていた。さらに悪いことに、実験前に葉っぱを蒸留水で洗ったりしている。どんなかたちであれ、実際の実験の前に植物に触れることは、植物と実験者の間の同調を強めてしまうことになる。その結果、植物は小エビの死程度の弱い刺激には同調しなくなり、実験の失敗に繋がるのである。

特にジョン・クメッツの場合には、一九七三年にニューヨークのわたしの研究室を訪れたことがあり、自然なバイオコミュニケーションを個人的に観察する機会があったのだから、非常に残念だ。彼はサン・アントニオの研究所に戻った後、植物と小エビの追試にあたって、実験を完全に自動化して人間の意識の影響を排除することはしなかった。おそらく彼は、要求されているのは失敗事例の情報の方だということに気づいたのだろう。すでに述べたように、ジョン・クメッツは一九七五年のシンポジウムに参加者として招待されている。元来バイオコミュニケーションの研究を積極的に進めるのが、彼が属するサイエンス・アンリミテッド研究財団の仕事のはずなのだが、彼は追試に失敗したことを利用する道を選んだようだ。

ブラジル訪問

一九七六年七月、わたしは「第一回ブラジル超心理学・意識工学《サイコトロニクス》会議」に招待され、最初はリオデジャネイロ、次にサンパウロで発表を行なった。ブラジルは大変魅力的な国だ。リオでは、通訳担当の女性に、一番面白い場所に連れて行ってほしいと頼んだ。つまり会議の主催者たちが一番行ってほしくないと思っているような場所だ。彼女は、リオの郊外にある「霊的真実への道センター Center of the Pathway for Spiritual Truth」に連れて行ってくれた。そこはウンバンダという宗教組織のセンターで、二〇〇名以上の孤児が暮らす孤児院にもなっていた。センターで働く人たちは、さまざまな伝統文化の中で教育を受けた人たちで、わたしの仕事に強い関心を示した。

その後も都合二回、一九七七年七月と八〇年七月に講演のためにブラジルに行く機会があり、ブラジルのスピリチュアリティのさまざまな側面を知ることができた。ウンバンダに属している人たちは、「心霊治療」をいろいろな人たちに行なっていたが、対象は地域の人々が大部分だった。彼らは降霊を信じており、そのための儀式として、太鼓を叩き、土の上ではげしく踊り、踊る人たちにタバコの煙を吹きかけたりしていた。

リオの「霊的真実への道センター」には二回行ったが、二度目の訪問の際、バイオコミュニケーション研究を称えて賞を授与されたことは非常に光栄に思った。

――原註

1. F.L. Kunz, "Feeling in Plants." *Main Currents in Modern Thought* (May-June, 1969, Vol.25, No.5, p.143). この雑誌は、「すべての知識を、すべてのものの全体を研究することによって統合させようとしている人たちの自由な交流」を促している。
2. Arthur Ford, written with Jerome Ellison, *The Life Beyond Death* (New York: G.P. Putnam's Sons, 1971) p.167.
3. Peter Tompkins and Christpher Bird, *The Secret Life of Plants* (NewYork: Harper & Row, 1973). 邦訳、ピーター・トムプキンズ&クリストファー・バード『植物の神秘生活』（新井昭廣訳、工作舎、一九八七）。ペーパーバック版はAvon Booksから一九七四年に刊行。上製ペーパーバック版は一九八九年にHarper & Rowから出版され、現在も入手可。
4. Prof. V. N. Pushkin（心理科学博士）*Flower, Recall!*, ZNANIYA SILA（知識は力なり）一九七二年一一月号に掲載。英訳はクリストファー・バード。

5. Dorothy Retallack, *The Sound of Music and Plants* (Santa Monica, CA: Devorss & Co., 1973) p.96.

6. Plant, "Primary Perception: Electrophysiological Unresponsiveness to Brine Shrimp Killing," *Science*, Vol.189. Aug. 8, 1975, no. 4201.

7. ダニエル・キャロンは後に、ニューヨーク大学で哲学博士号を取得し、ニューヨーク大学医療センターの心臓外科工学研究室に就職した。

8. "Controversy over Plant Psi," *Science News*, Vol.107, Feb 8, 1975, No. 6.(*Science News* の許可を得て掲載。*Science News* は、科学に関する週刊誌。 copyright 1975 by Science Services)

第五章　鶏卵を観察する

さて前にも述べたように、植物反応をモニターするのに、ポリグラフの記録用紙代がバカにならないので、インクで記録する代わりに大きなメーターを使うことが多かった。一九六六年のその日も、わたしはニューヨークの研究室でメーターを利用してモニターしていた。このとき、メーターの針が大きく振れたのを見たことが、それまでの植物だけの観察から他の生命体へと観察対象を広げるきっかけになった。

わたしはそのころ毎日、第二章で紹介したドーベルマンのピートに餌をやっていた（図5A）。餌には卵の黄身を加えるのが習慣だった。ある日のこと、わたしはポリグラフのGSRを使ってフィロデンドロンをモニターしていた。読み出された情報は大きなメーターに繋がっていて、メーターはすぐ目に入るところに置い

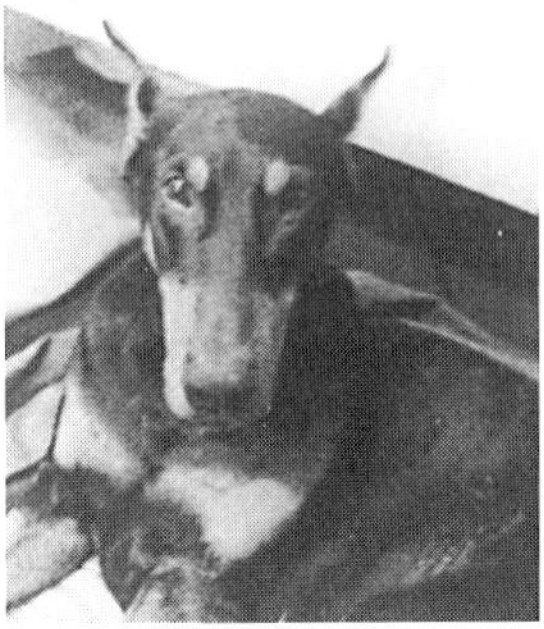

図5A　愛犬のピート

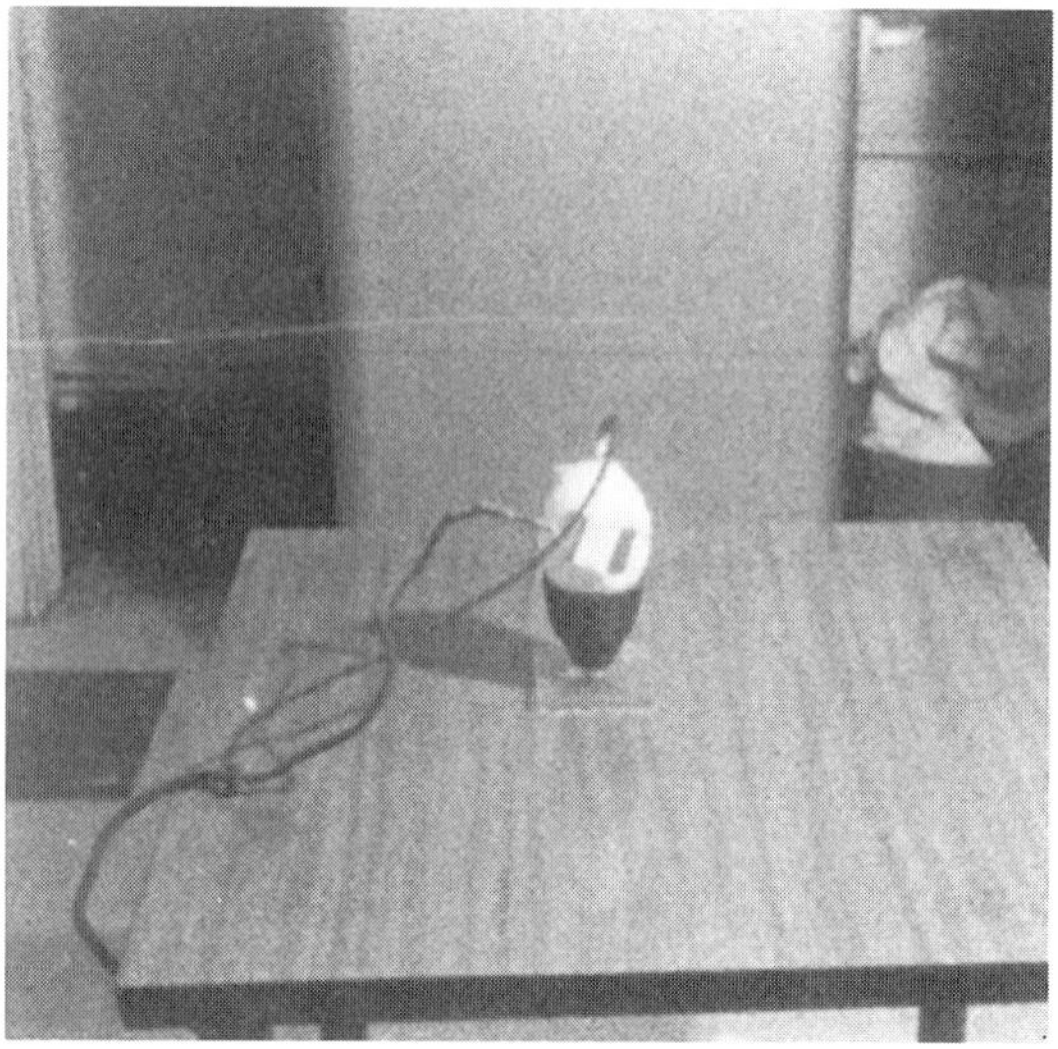

図5B　電極をつないだ鶏卵

ていた。ちょうど卵を割って黄身と白身を分けていたとき、メーターの針が大きく揺れたことに気がついた。そのとき研究室で起きていたことといえば、わたしが卵を割っていたことだけである。そして、わたしから五メートル近く離れていた植物が、わたしの行動の何かに反応したのだ。「卵だ！　これは驚いた。卵の何かが生きているわけだ。そうか、じゃあ、卵から直に反応を読みとってみよう」。これが、植物から他のものに目が開かれた瞬間だった。

鶏卵に電極を繋ぐ

鶏卵に電極を繋ぐにあたっては、ポリグラフのGSRを使い、同時に非侵襲的な方法を考案する必

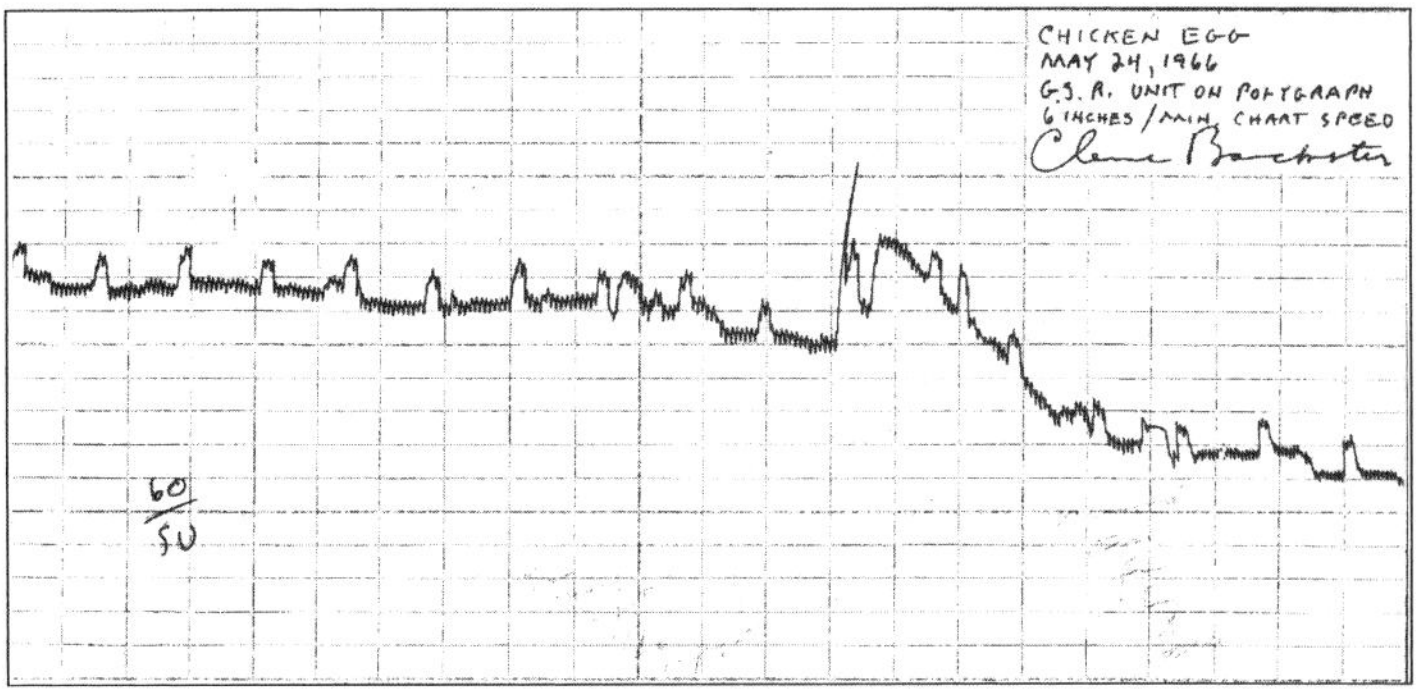

図5C　GSR が捉えた鶏卵の周期的反応

要があった。わたしは普通のスポンジを切り取って厚さ約一センチの小片を二つ作り、それで電極を包むことにした。スポンジは沸騰したお湯で消毒したが、後には伝導性を上げるためにお湯に塩を入れるようにした。それからスポンジの水を切って、卵の両端に付け、その上にGSRの電極を取りつけた。電極を押さえるのには輪ゴムを利用した。両方の濡れたスポンジから染み出る塩分を含んだ水が、ちょうどよい具合に卵の殻を湿らせ、卵の中身を包んでいる膜組織との接触を可能にしてくれた。この電極の取りつけ方はとてもうまくいったので、これ以来、鶏卵の中で起きている電気的活動を含めて、さまざまな高度な観察が可能になった。

未知の周期的活動

ある日わたしは、振幅は小さいが高速で周期的なのこぎり歯状の線が、当時GSR機器でモニターされていた鶏卵からの記録に現れているのに気がついた。それはポリグラフで示される人間の心拍に非常によく似ていたが、それよりもっと速かった（図5C）。一分間に一七五回の周期で、この周期はすでに実証されて論文になっていた、孵化器の中の三日目の鶏の胚と同じだった。

エーテル界に入る？

伝統的科学という舞台の外にいる人の中には、わたしが「エーテル界」と言われる場に足を踏み入れたのだと考える方もいるはずである。そのエーテル界が、孵化する卵の中にいる雛の、身体的発達と循環器系のタイミングを決定するらしい。しかしこの場合、卵の中に発達できるものはなにひとつ存在しなかったし、卵が最初の分割を起こすことさえありえなかった。わたしが使っていたのは、無精卵だったのだ。

わたしはこの現象に非常に興味を抱いた。科学者たちが長い間研究を避けていた神秘的領域に入り込んだように感じたからだ。その領域がいわゆるエーテル界で、すべての細胞をあるべき場所に配置し、しかるべき時にしかるべきことをさせる場であると言われている。科学はこれまで、物質の活動に関しては、細胞レベルで数多くの研究を行なってきた。しかし、各細胞が正しく厳密に行動するよう指示する青写真――のようなものが存在する可能性があるなら――の探究については、非常に面白いテーマであるにもかかわらず、まだまだ研究は浅く、理解されていないのが現状だ。たとえば、どのようなプロセスで一卵性双生児が互いに身体的に似るのか、などもその一つである。

第四章で紹介したコーネル大学の生物学者チャールズ・グレインジャー博士は、ニューヨークのわたしの実験室を訪れた際、鶏卵が示す周期的活動現象を自分の目で見ている。大変感銘を受けた博士は、本当に無精卵なのか確認するために、電極を取りつけた卵を大学に持ち帰った。無精卵であることを確認したという報告が届いたのはもちろんである。ちなみに、彼はのちにミズーリ大学の生物学部の学部長になっている。

心電計と脳波計を導入する

やがてわたしの研究は、通常は心臓のモニターに使用されている心電計（ＥＫＧ）タイプや、また脳波のモニターに使用される脳波計（ＥＥＧ）タイプの機器を使う、まったく新たな局面に入っていった。一九七二年三月、わたしの研究財団は、ウィニフレッド・バブコック財団から小額ながら助成金を得て、心電計と脳波計を含む実験機器を購入した。心電計と脳波計の電気回路は、電極を通して電流を流す必要がないので、ＧＳＲ回路よりも好都合だった。つまり、モニターしている生物素材の内部で発生する電気インパルスのみを拡大することができるのだ。新しい装置の脳波計の回路は心電計の一〇倍も敏感であり、さらに微細な反応を拡大・表示するために使用された。なお申し上げておくが、これまでのところ図５Ｃのような心拍様のパルスが観察されたのは、ＧＳＲ回路を使用した場合のみである。

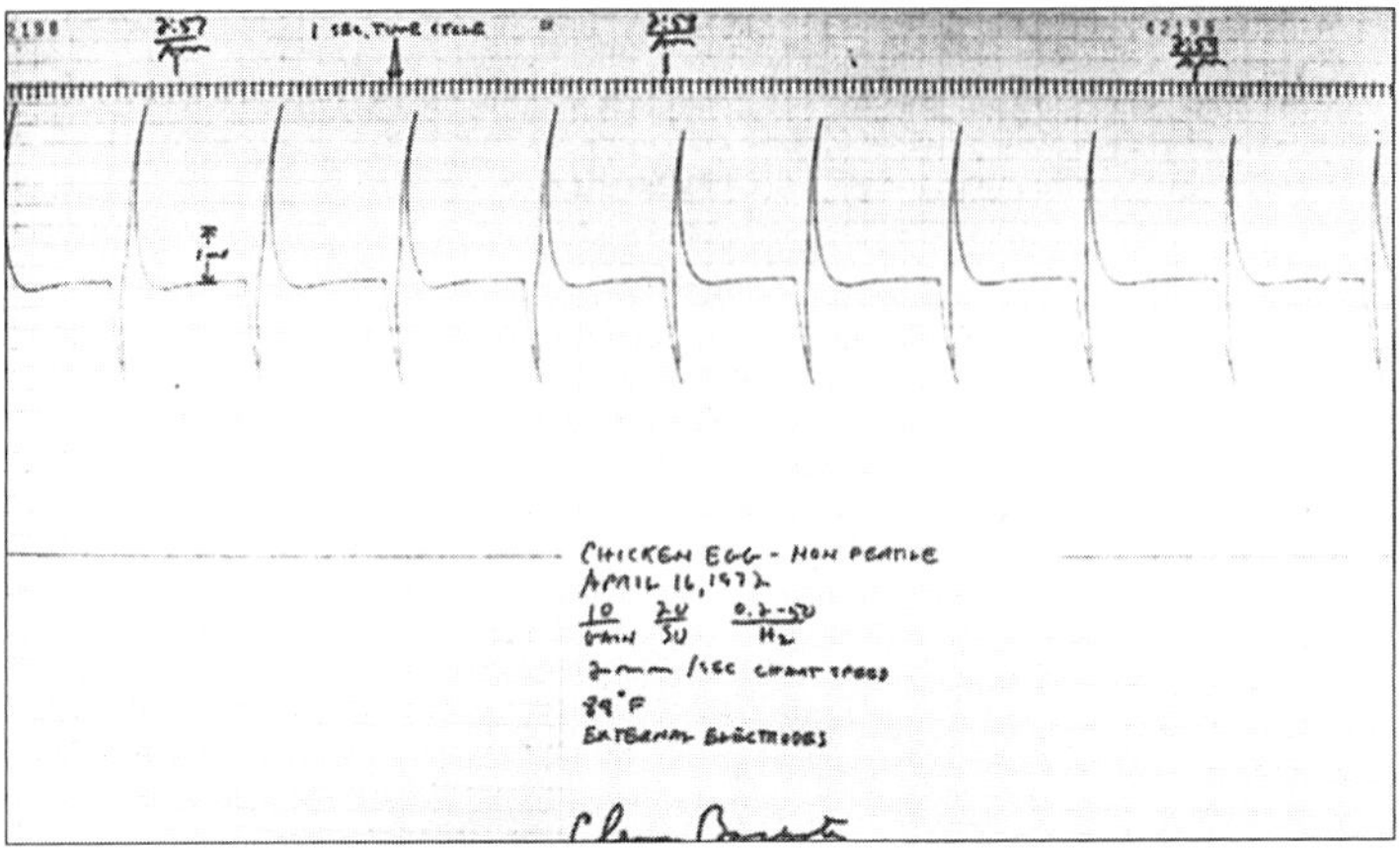

図5D　心電計が捉えた鶏卵の単調な反応

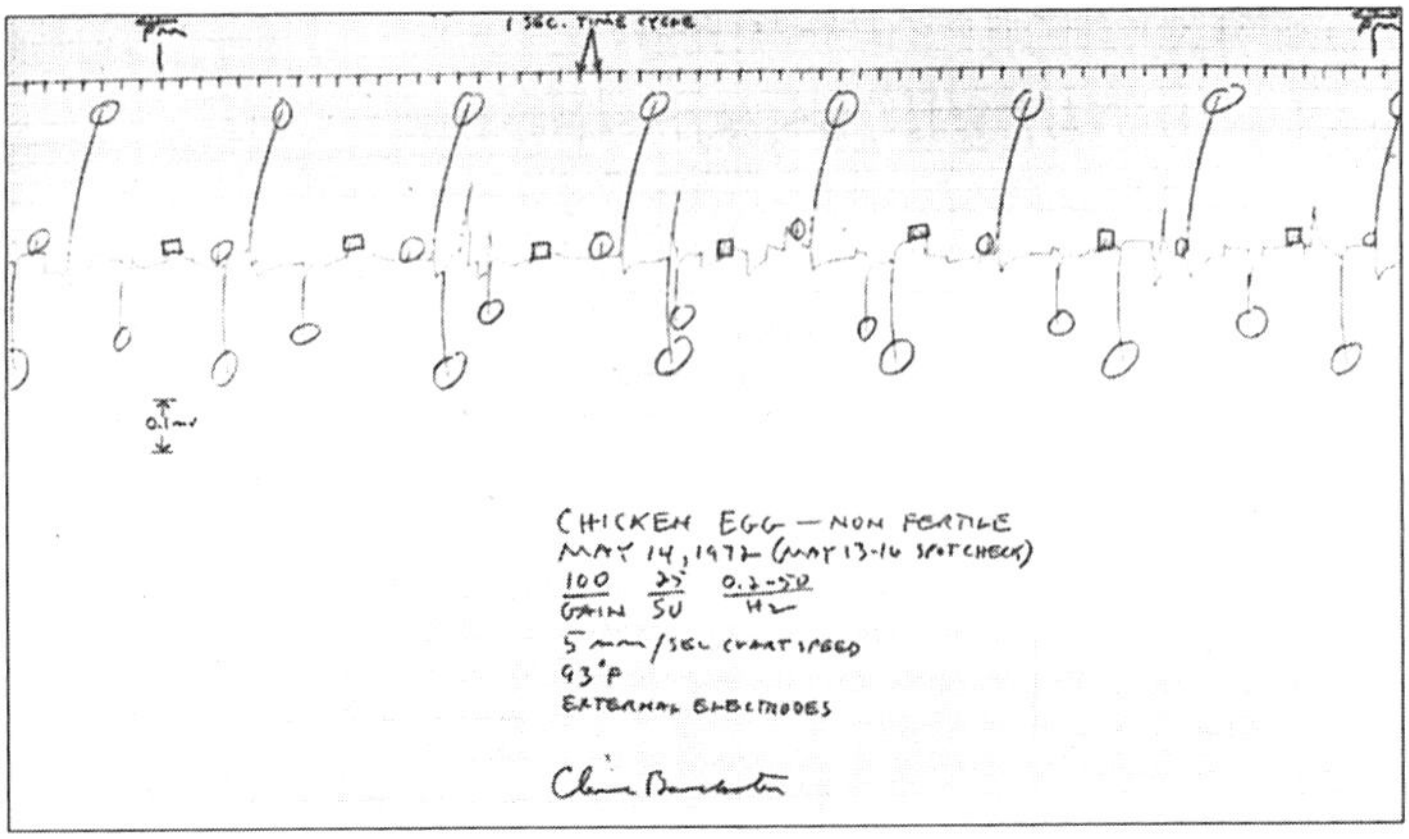

図5E　脳波計が捉えた鶏卵の複雑な周期的反応

無精卵であってもさまざまな電気的活動を示すことがわかったが、図5Dはその一例である。等間隔のかなり大きな周期であることに注目してほしい。また、記録例の中には、ミリボルトの範囲で周期的活動を示しているものもある。図5Eは、四つの別々な、しかし等間隔の周期的活動を示す例である。

なお、図5C、5D、5Eは、鶏卵内の電気的活動を示すもので、外界とのバイオコミュニケーションを示したものではない。

外界の刺激に反応する卵

次に紹介するのは、外界とのバイオコミュニケーションの存在を強く示唆している観察結果である。[*1] 最初に紹介する例では猫が登場するが、そもそも猫という動物は独立独歩の動物である。シャムネコは中でもその傾向が強く、おひつじ座生まれのシャムネコとなれば孤高の王の風格さえある。猫好きの方ならご存知だろうが、彼らは、自分が許可を与えてもいないのに、勝手に抱きかかえられることをとても嫌がるものだ。

図5Fは、猫のサムが発した感情という外部の刺激を、卵が認識したことを示唆している。このときにわたしがしたのは、後ろの部屋で眠っていたサムをとつぜん抱き上げて、研究室の廊下を歩いたことだけだ。サムを抱き上げたまさにそのとき、わたしはたまたま電極を取りつけた卵から出ている

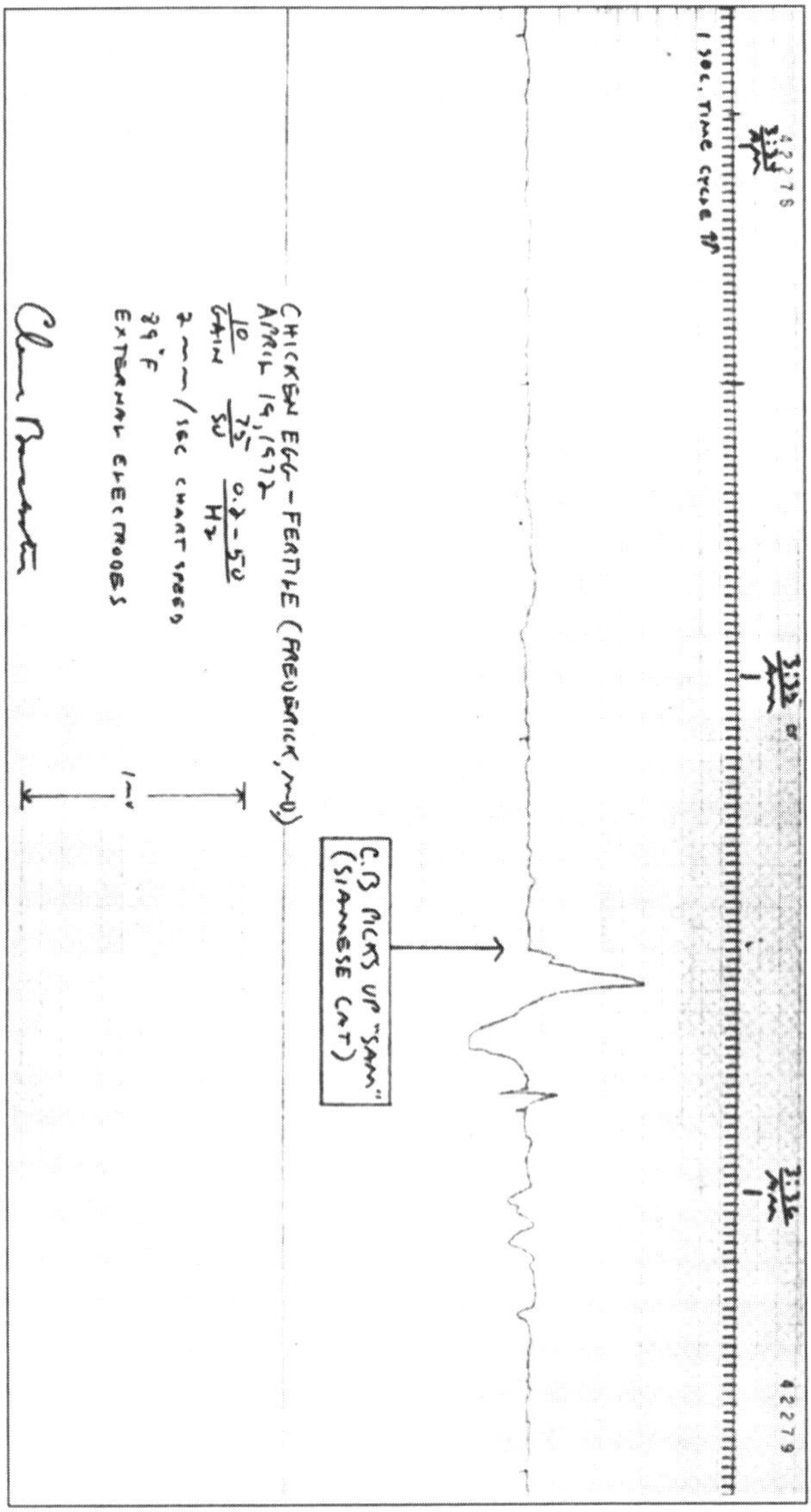

図5F　怒ったシャム猫に反応した鶏卵の記録

EKGタイプの記録に目をやった。そのときサムは爪をむき出して、わたしが抱き上げようとするのを嫌がっているのは明白だった（図5G）。時間は午前三時三五分。建物には人気がなく、研究室内の活動も停止していた。

また別のあるとき、研究所で朝まで仕事をしていたわたしは非常に空腹を覚えたのだが、何かを食べにタイムズスクエアに出ていくのはおっくうだった。研究用の卵がいくつかあったので、それをゆでることにした。保管場所から卵を三つ持ってきたわたしは、一つ目の卵には電極を取りつけ、電磁波を遮蔽するために鉛で裏打ちしてある箱に入れた。残る二つの卵が朝食用だ。なべに湯を沸かすとストップウォッチを取りだし、二つの卵を三秒間隔で熱湯に落とした。卵をゆでた場所は電極を取りつけた一番目の卵から約七メートルほど離れていた。ストップウォッチで計った時間は、表の上に印をつけた。二つの卵に対する反応と、ストップウォッチで計った卵を落とした時間にはずれが生じたが、このずれは、卵の中の決定的な部分に熱が浸透するまでの時間を示すものだろう。図5Hでは記録ペンがミリボルト単位で卵の反応に対して動いたことがわかる。

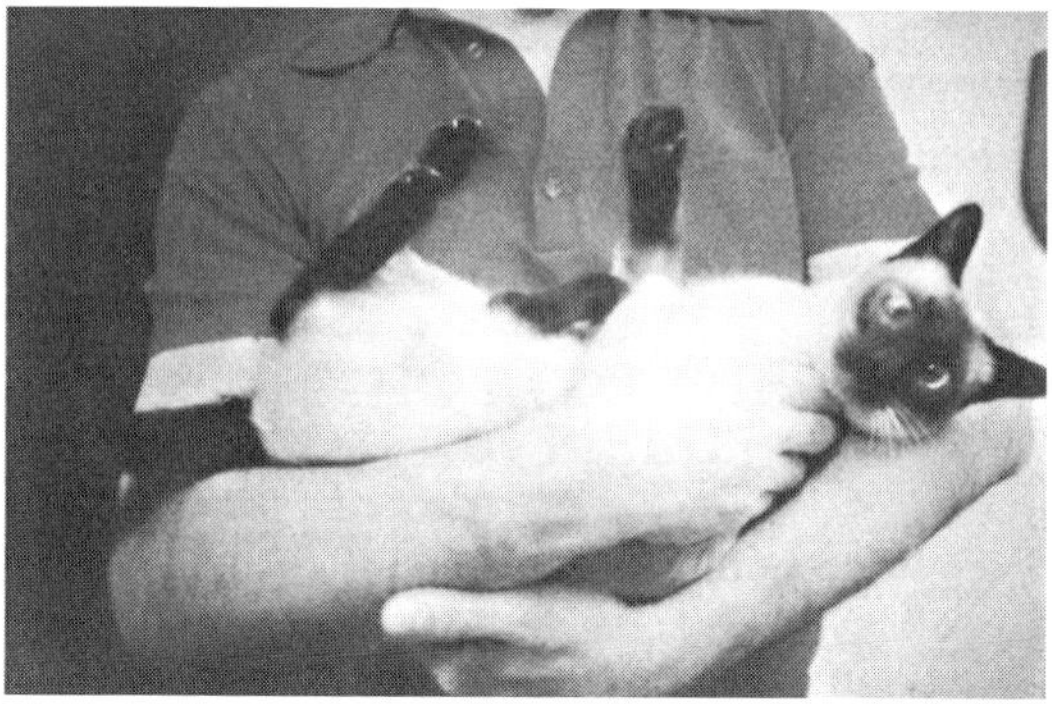

図5G　シャム猫のサム

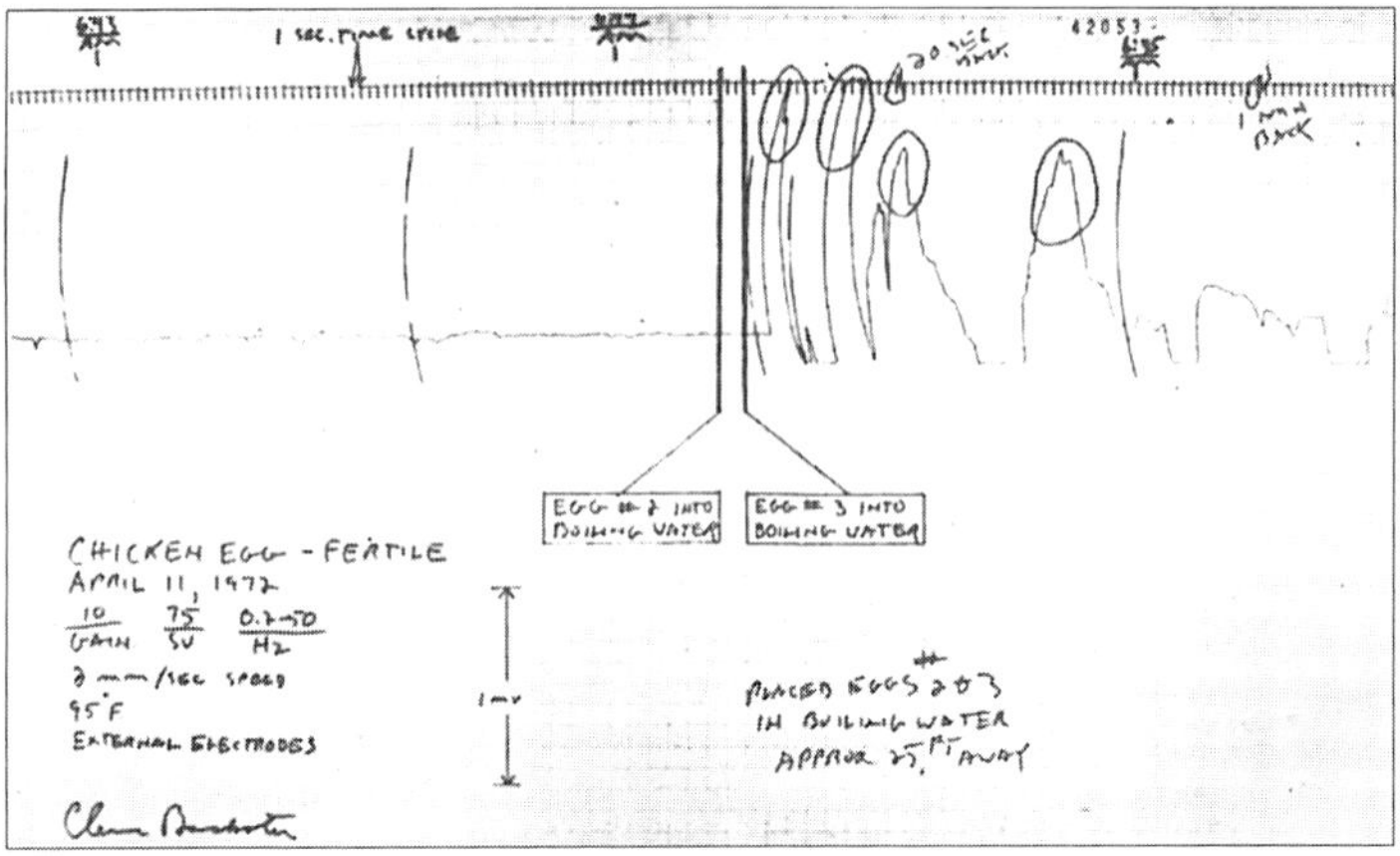

図5H　沸騰したお湯の中に落とされた別の鶏卵に反応した鶏卵

さらに、図5Hに見られる三パターンの反応に注目してほしい。上に向かっている丸をつけた二パターンの反応と、もう一つ、丸はついていないが、記録ペンがそれ以下に行くことができなくて止まってしまった部分がある。

わたしはこれを見て思ったものだ。「やった、これでようやく適切な再現実験の方法がわかったぞ」。しかしわたしは、よりいっそう科学的実験法に適ったものにしようと思い、全自動で実験できるような装置を作ることにした。装置を作り上げるには数週間を要した。古いレコードプレーヤーのターンテーブルを分解して、ターンテーブルの上に等間隔に卵を固定するため、一〇個のウオノメ用バンソウコウを取りつけた。ターンテーブルが回って、一つの卵から次の卵へと進む間隔を、七分、八分、九分と三段階設けた。新しく置かれた卵は、指定された時間になると、金属製のシュートに機械的に蹴り落とされる。卵がシュートを転がり落ちていくと、マイクロスイッチが作動し、お湯の沸いている深いなべに卵が入るのを記録する。また、実験開始前に人が研究室を離れられるよう、実験の開始時間を一〇分間遅らせるスイッチも取りつけた。このように実験を自動化したのは、すべて、わたしの意識が実験に介入しないようにするためである。

これで完璧ではないかな、とわたしは思った。第一回目の実験で、わたしは心電図タイプの記録表に繋がった電極を卵に取りつけ、回転台に他の一〇個の卵を置き、時間差スイッチを作動させて、研究室を後にした。一〇個の卵全部がシュートへ押し出されてお湯の中に転がり落ちるのに十分な時間をとった後、わたしは研究室に戻った。装置に近づくと、予想通り、一〇個の卵が鍋の中で固ゆでになっていた。ところが驚いたことに、最初の一個がお湯に入ったときの反応は記録表に示されていたが、他の九個については何も反応がなかったのだ。どうやら、最初に沸騰したお湯に落ちた卵、あるいは電極を取りつけた卵が、他の九個の卵に危機が迫っていることを伝え、その結果、彼らは防御態勢、つまり一種の失神状態に入ってしまったと思われた。その後、同様の実験を何度か行なったが、そのつど同様の問題に遭遇した。

実験のデザインを変更して、卵がお湯に落ちる間隔を長めにとることもできただろうが、それまでの観察から、いったん無感覚状態になった生命体が元に戻るまで、最高二〇分ほどかかることがわかっていた。そのため、今の実験装置では、全部の卵が落ちる前にお湯が蒸発してしまう。結局この実験はいったん中断したが、このときの実験から、卵がなんらかの方法で伝達しあっている可能性を含めて、いくつか貴重なことを学んだ。

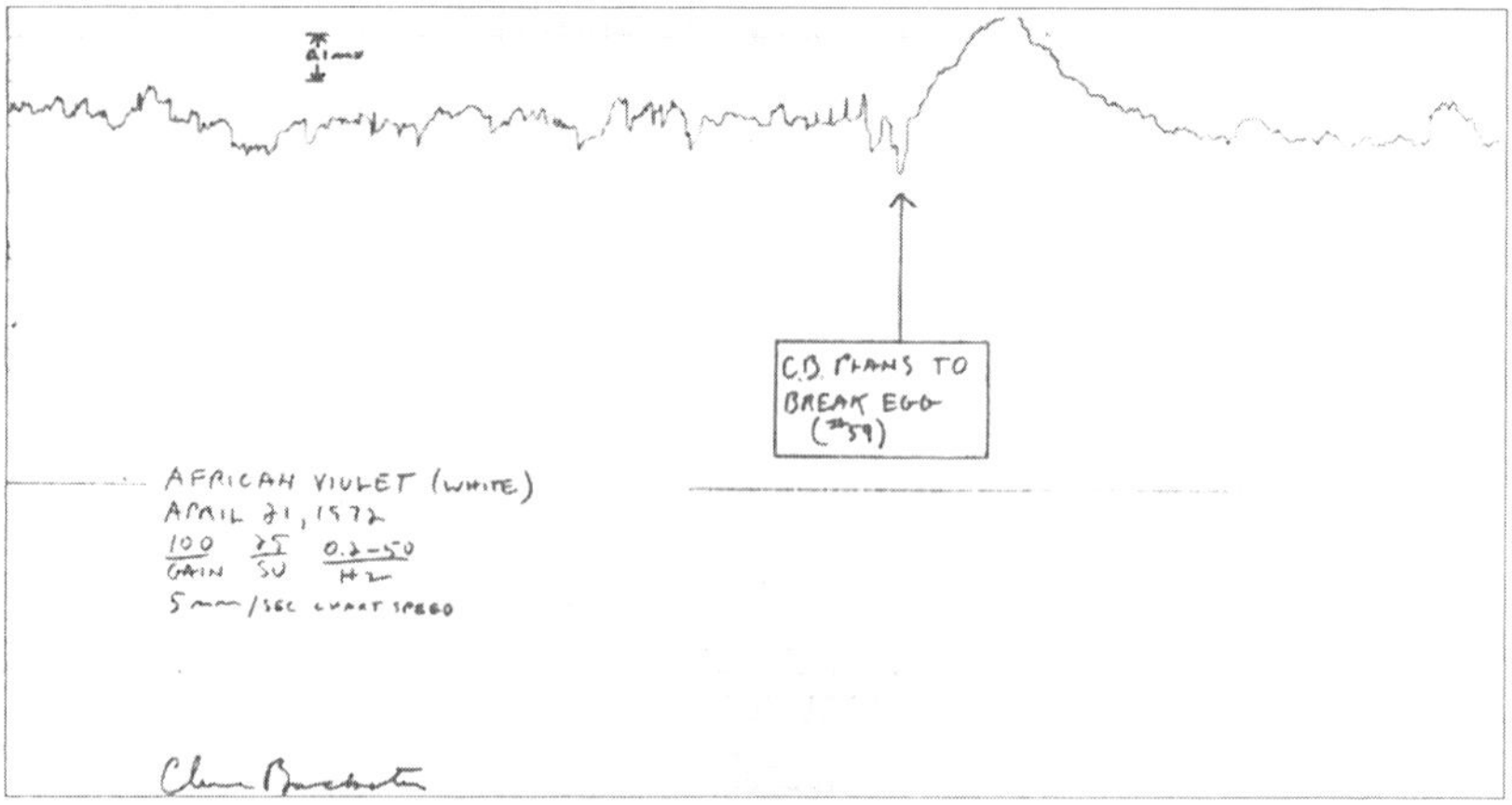

図51　鶏卵に反応したセントポーリア

卵に反応するセントポーリア

興味深いことに、かつてはセントポーリアをGSRでモニターしようとしても、なぜかうまくいかなかった。セントポーリアの葉に電流を流すGSR回路が、この可憐な植物を無感覚にしてしまうためではないか、とわたしは推測した。のちに脳波計を使うようになると、新たに入手したセントポーリアの記録を取ることが可能になったが、同じ植物からは一度しか記録が取れなかった（図51）。このときの実験では、脳波計の記録はかなり安定していた。ところが、それから卵（59番）を割ろうと決めた瞬間、ペンが上図のように跳ね上がった。このときわたしがしたことと言えば、単に次に順番が来ていた59番の卵を割ろうと心の内で決めただけで、卵には触れてもいなかった。このセントポーリアからの反応は、もうすぐ割られる卵が発したものなのだろう。わたしは愛犬のピートにあげるために、これまでたくさんの卵を割ってきて慣れているので、これがわたしから出た感情のせいだとは思えない。実際に59番の卵を割ったときには、記録表には何も反応が現れなかった。卵は防御態勢に入ってしまい、無感覚状態になっていたのだろう。ところでこの一度の実験が成功した後、このセントポーリアは二年以上花をつけることがなかった。

卵に「失神」にも似た無感覚状態が生じたのは、モニターされている生物に対して危害を加える意図を持った者がいることを知らせるためかもしれない。これまでの章で述べてきたさまざまな例に加えて、卵も一時的な無感覚状態になることが観察できる。東洋の哲学では、よく「一体性 oneness」ということが言われる。この考え方の中には、すべて生きとし生けるものには、互いに意志疎通する能力があることも含まれている。食前に食べ物を祝福するのはこれが起源だと考える人たちもいる。食べ物をいただく前に、食べることを食べ物に通知しておくというわけである。

――原註

1．図5D、5F、5H中の手書きの「10/GAIN」は、心電計が使用されたことを示している。一方、図5E、5I中の「100/GAIN」は、脳波計が使われていることを示す。

第六章　生きたバクテリアとの同調

わたしが初めてヨーグルトの原初的知覚に気づいたのは、第二章で述べたトーン・ジェネレーターを使って、実験室の隣の部屋に置いた植物の反応をモニターしているときだった。

いつものように夜遅くまで仕事をしていたわたしは、お腹が空いたので、冷蔵庫からストロベリージャム入りのヨーグルトを取り出した。そして、箱の底に沈んだジャムをヨーグルトと混ぜ合わせるために、下から上にかき回した。すると、ただちにトーン・ジェネレーターが作動しはじめた。植物が何かに反応したのだ。研究室でヨーグルトを食べることは何度もあり、かき混ぜる行動に特に興奮を覚えることもなかった。それゆえ、植物が反応したことはわかっても、何に反応したのか、まったく思い当たらなかった。

「あれ？　このヨーグルト、何かおかしいのかな？」とわたしは思った。当時、わたしは、ヨーグルトの中に生きたバクテリアがいることさえ知らずにいたのだ。このことがきっかけとなって、新しい研究のページが開かれることになった。乳製品に関する細菌学の本を読んで、ヨーグルトの中には主に二種類の有益なバクテリア（善玉菌）、すなわちサーモフィルス菌（streptococcus thermophilus）とブルガリクス菌（lactobacillus bulgaricus）がいることを知った。初めてヨーグルトを観察したときのことを後から考えると、おそらくストロベリージャムに含まれる糖分がバクテリアの栄養剤になったか、あるいはストロベリージャムに保存料が含まれていてそれが作用したのかもしれない。その後、果物の香料による味つけという不必要な変数を排除するために、わたしはプレーン・ヨーグルトを使うことにした（図6A）。

図6A　市販のヨーグルト

ヨーグルトに電極をつなぐ

ヨーグルトの研究では、ヨーグルトを入れた試験管の中の電気的活動を記録する方法を開発した。まず、一〇ミリリットルの医療用スポイトに長さ七・五センチの合成樹脂製の管を接続し、そのスポイトにヨーグルトを吸入する。それから管を五ミリリットルの試験管の底まで挿入して、ヨーグルトが底の方から入るようにする。これはヨーグルトに空気が混ざらないようにするためだ。この一連の作業に用いられるものは、当然ながら、すべて事前に殺菌した。医療用スポイトに取りつける管は、蒸留水で煮沸消毒した。医療用に使われている圧熱滅菌器《オートクレーブ》では、合成樹脂が融けてしまうからだ。

　次は機器の選択だ。ＧＳＲを使うことは不可能である。ＧＳＲ回路は、電極から電気を流すので、それによってヨーグルトの水分が気化し、その気泡がヨーグルトに挿入されている金属の電極の上に付着してしまう。これでは、安定した記録を得ることはできない。しかし、第五章で述べた脳波計タイプの装置なら、この問題は解決する。最初、わたしは電極の導線に銀製のものを使っていたが、のちに金製のものに変えた。[*1] また電極入りのヨーグルトが動かないように、プレキシガラスのスタンドも作成した（図６Ｂ）。

　今この時代のことを振りかえると、ヨーグルトは、バクテリアを含む原初的知覚の世界に観察を広げてくれた突破口だったと思う。ヨーグルトを使えば、雑菌が繁殖する心配もない。しかもプレーンヨーグルトは安全な食品として販売されており、入手も簡単だ。

　実験の結果は最初から目を見張るものだった。ヨーグルト中のバクテリアは、周辺の人間の交流にかなり同調しているようだった。以来わたしは、脳波計を用いたヨーグルトの記録を膨大な時間にわたって取っている。それを見ると、人間が考えただけで、言葉にする直前に記録表に反応があるようだ。また興味深いことに、電極が取りつけられていない二つ目のヨーグル

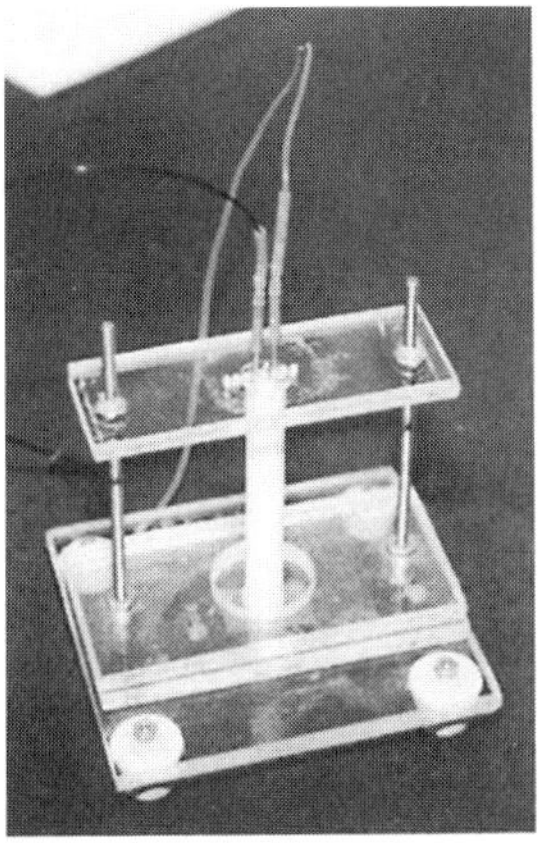

図6B　ヨーグルトに電極をつなぐための器具

トに何か栄養になるものを与えると、それと同時に、電極を取りつけたヨーグルトに反応が現れることが頻繁にあった。どちらのヨーグルトサンプルも元は一つのヨーグルト容器から取り出したもので、二つは少なくとも三メートルは離れていた。まるで、電極を取りつけたヨーグルトの方も、食べ物がもらえると期待しているかのようだった。

さてここで、研究室の移転について簡単に触れておきたい。一九七四年八月、バクスター嘘探知検査官養成学校と研究財団の研究室は、ニューヨークからサンディエゴに引っ越した。[*2] 移転して最初の三年間、研究室は現在のダウンタウンの建物から約七区画離れたところにある、細長い平屋の木造の建物を使用し、その隣がバクスター嘘探知検査官養成学校になっていた。建物に入って一番目の大きな部屋には、GSR（皮膚電気反応計）、EKG（心電計）、EEG（脳波計）モジュールを置いた機器用コンソールと、それらに付随するインク記録ペン付きの記録チャート駆動装置を設置した。個人的に訪れた人や小人数のグループで来た人たちには、この部屋で実験を行なった。

写真6Cと6Dはその部屋に置かれた装置を撮影したものだが、チャートに記録されている様子が見えないようにするための工夫がわかると思う。6Dを見ればわかるように、不透明のスクリーンで前面を覆って、表に記録されていく状況が見えないようにし、自然な会話を促すようにしてある。実験後にはビデオテープを再生して、チャートの記録がどんな意味を持つ反応かをチェックする。

また新たに、各実験室には押しボタン式のスイッチを設けた。このスイッチは、実験室のまん前に置かれた装置のチャート駆動部の記録ペンに繋がっている。これによって、いざというとき、チャー

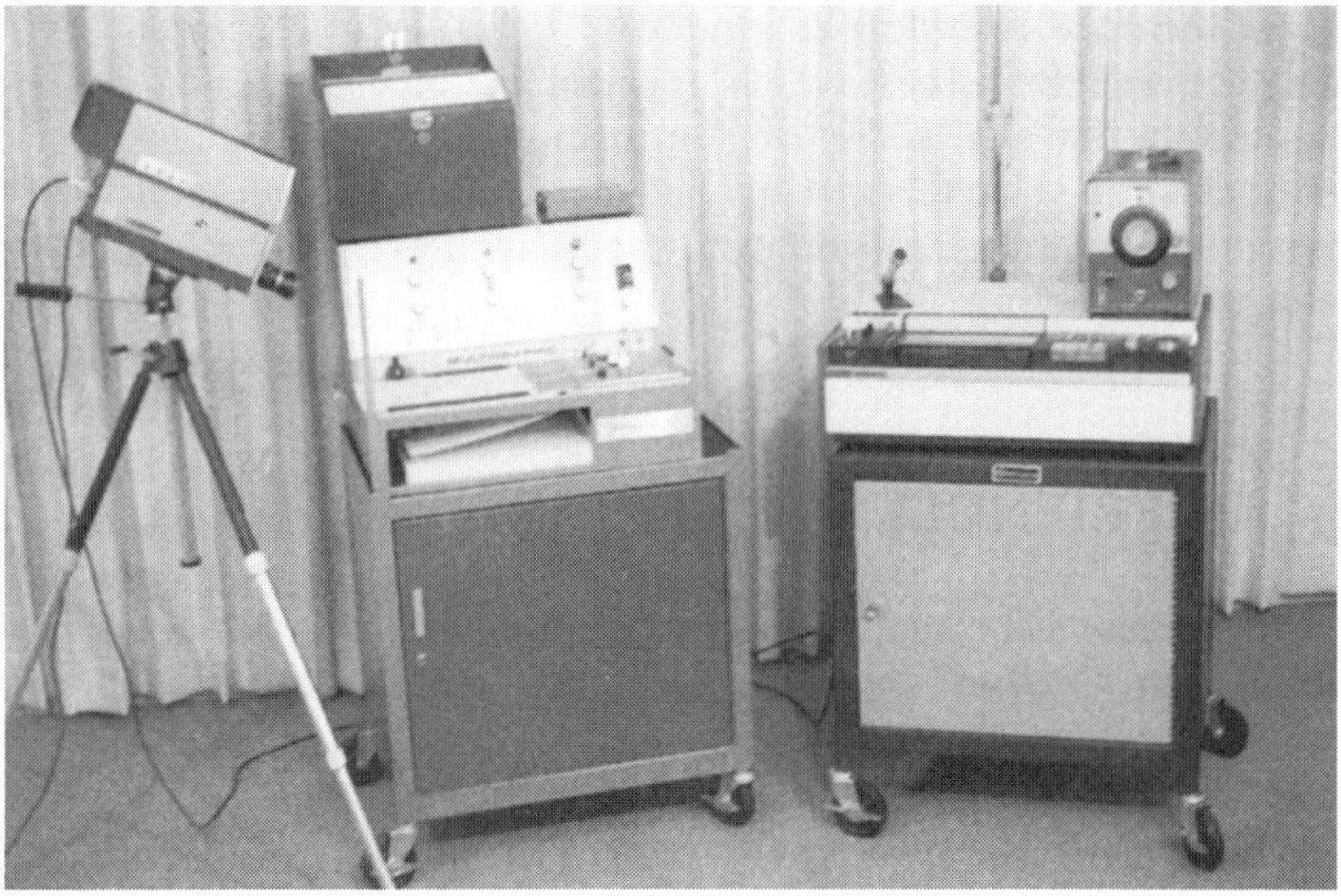

図6C　覆いをしていない実験装置

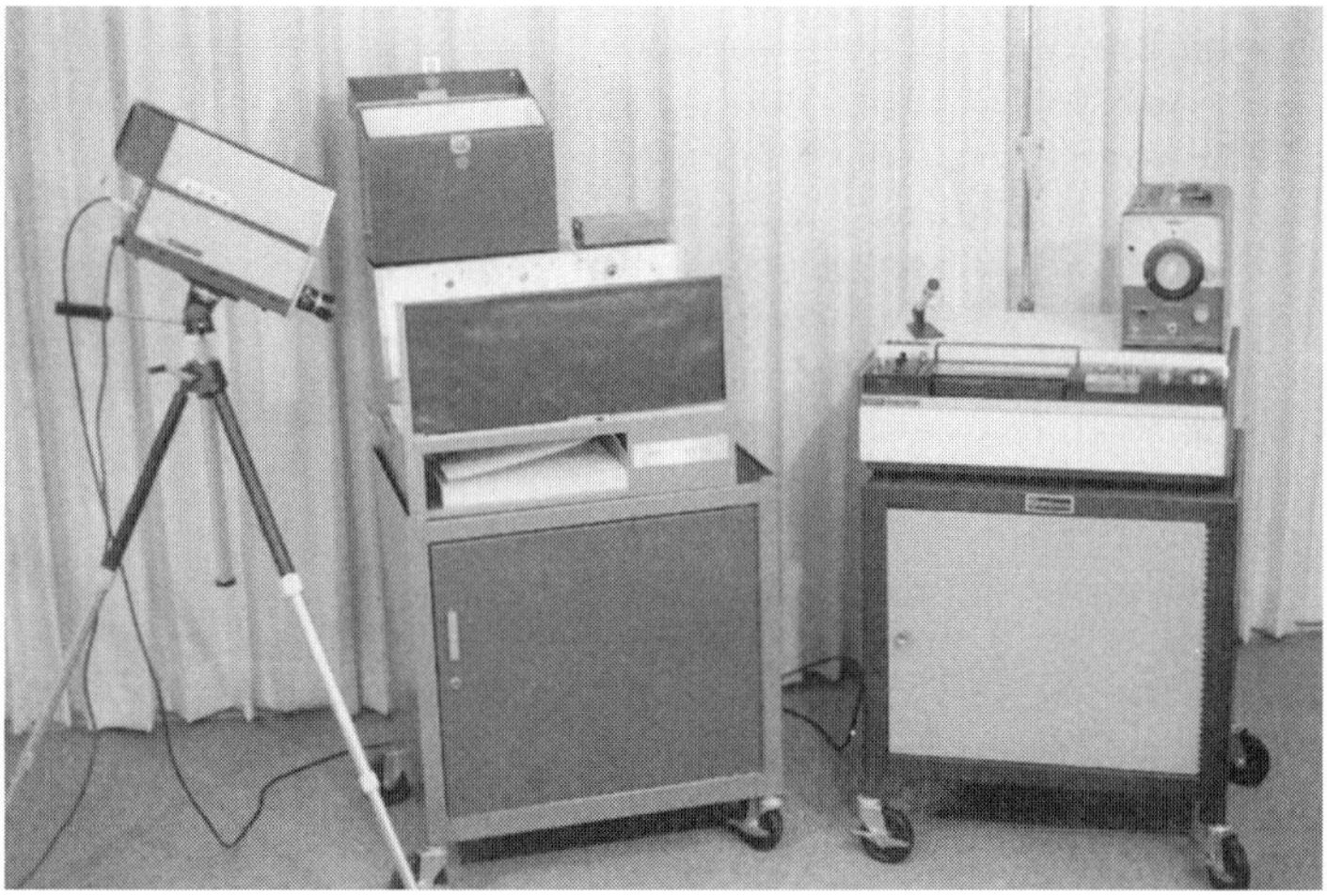

図6D　記録状況が見えないように前面を覆った

トに印をつけるためにいちいちフロントルームまで行かなくとも、最寄りのスイッチを押せばいいわけだ。そうすると、ペンマーカーが作動して動いているチャートの上に印が入る。しかしこの遠隔操作システムを使うときに、チャートの記録上に何か重要なことが起こることを期待したことは一度もなかった。

善玉菌 対 悪玉菌

前章で紹介したシャムネコのサムは、ロースト・チキンが大のお気に入りで、それ以外の食べ物には見向きもしなかった——少なくともわたしはすっかりそう思わされていた。ところで、わたしのポリグラフ事業のパートナーであるボブ・ヘンソンのつれあいのメアリー・アン・ヘンソンは、よく鶏を一羽まるごとローストにして、ボブに持たせたものだった。ローストチキンがあるときは、わたしは毎日サムにチキンをむしって与え、その残りは冷蔵庫に戻していた。たまたま一週間冷蔵庫に入れっぱなしにしていたチキンの残骸がすっかり悪くなって、悪玉菌が全体に繁殖してしまったことがあった。

一九七六年一月、この悪玉菌が、遠隔刺激として大変重要であることがわかった。そのときわたしは、定期的観察のために、プレーンヨーグルトに電極を取りつけたところだった。ふと、もうサムに餌を与える時間を過ぎていることに気づいた。冷蔵庫からやや古くなったチキンの残骸を取りだした

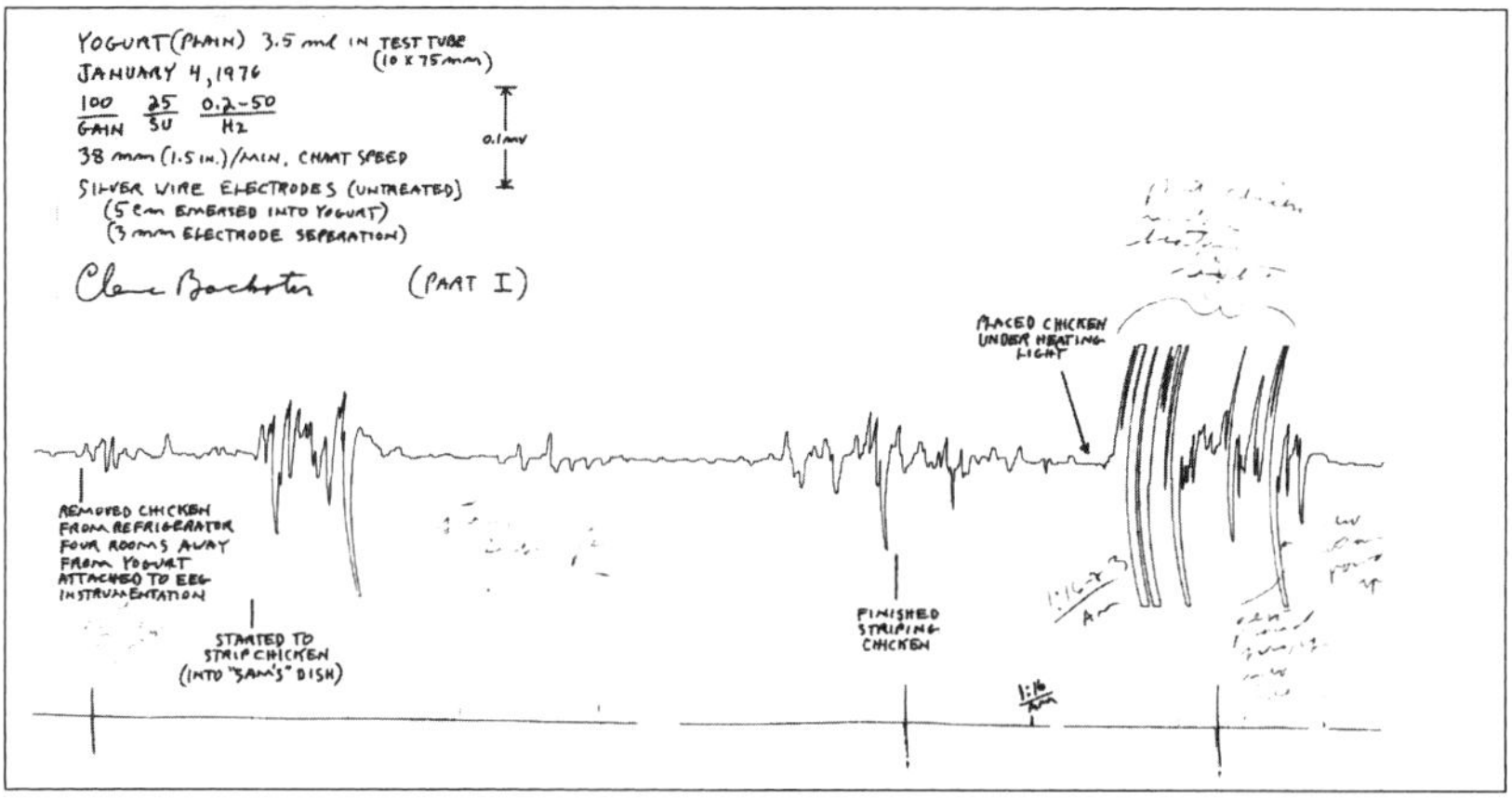

図6E　悪玉菌に反応する善玉菌の記録

ついでに、新しく設置した遠隔記録システムのスイッチを入れた。冷蔵庫は脳波計から四部屋離れたところにあり、わたしはサムの皿にチキンをむしって入れ始めた。そして、むしり終えたチキンの皿を加熱用ランプの下に置いたとき、再度、遠隔記録システムのスイッチを入れた。

この加熱用ランプは、冷たいチキンを室温に温めるときにいつも使っているものだった。わたしは、皿の底の方のチキンのまだ冷たい部分を上にもってきた後、また遠隔スイッチを入れ、その後、その皿を再び加熱用ランプの下に置いた。最後に皿を床に置いてサムがごちそうにありついたときにも、スイッチを入れた。それからわたしは実験装置のあるところに戻り、脳波計のチャート記録を検討して、遠隔スイッチでチャートに印をつけた部分と、それに関連する出来事を調べてみた。すると次のようなことが分かった。チキンをむしってサムの皿に入れたまさにそのとき（加熱用ランプの下に置く前）、チキンの残骸から幾部屋も隔ったところにあるヨーグルトの善玉菌の反応がチャートに現れていた。また、チキンの切れ端が加熱用ランプの下に置かれたときにも、ヨーグルトの善玉菌は大

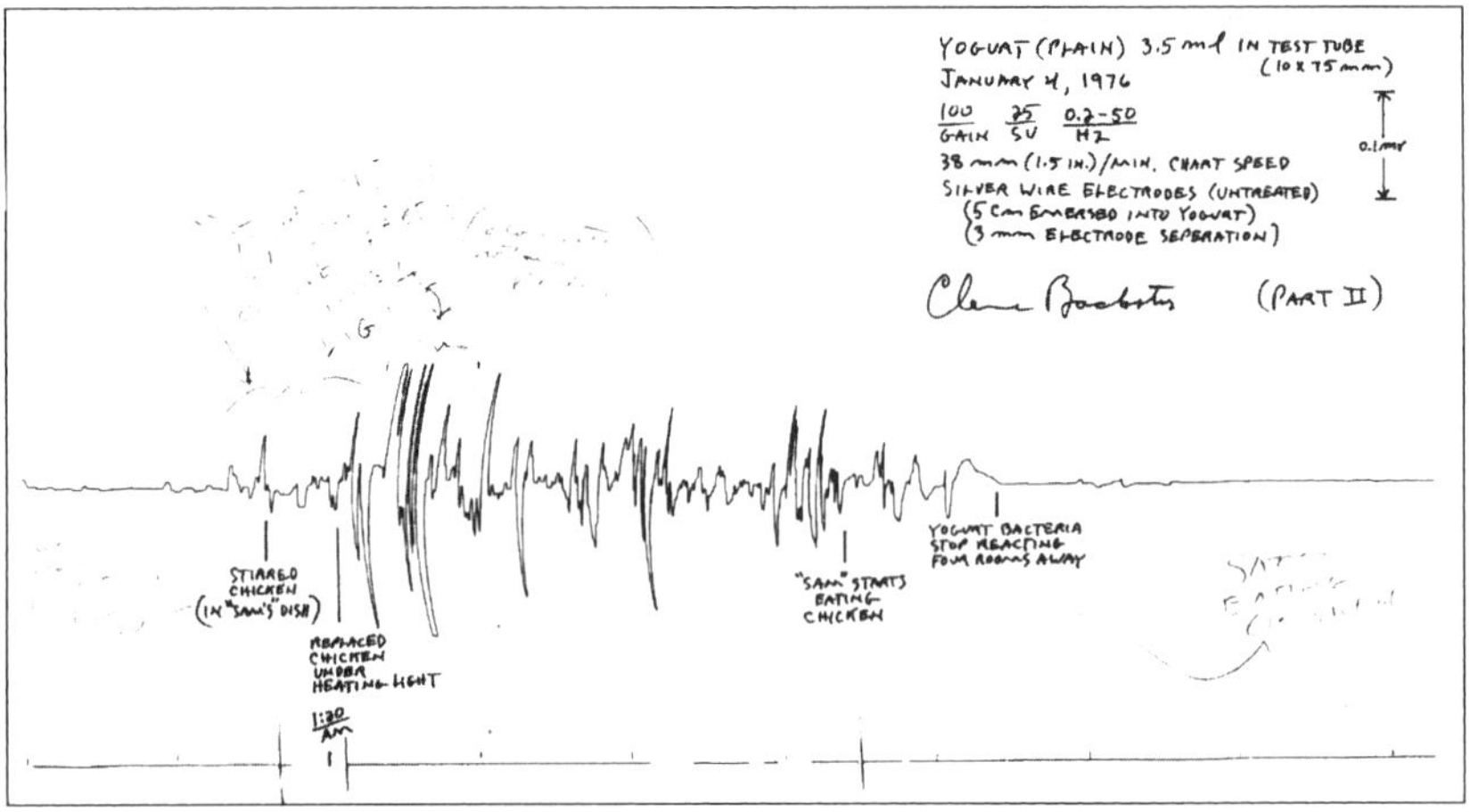

図6F　悪玉菌にさらに反応する善玉菌の記録

きく反応していた。これは明らかに悪玉菌に危険が迫ったときだった（図6E）。

　さらにわたしがチキンを上下に返して冷たい部分を上にしたときと、加熱ランプの下に置いたときにも反応があった（図6F）。その後、線がほとんど直線になっていることに注目してほしい。サムがチキンを平らげる頃から後は何も起こらなかったのだ。最初の悪玉菌が猫の非常に強い消化液に触れた瞬間、それらの悪玉菌が、他の悪玉菌に信号を送ったようだ。この信号が残った悪玉菌を防御態勢つまり、失神様の状態に陥らせたと考えられる。これは第五章で述べた、卵に起きたこととよく似ている。こうした一連の結果は、善玉菌と悪玉菌との間のバイオコミュニケーションを可能にしている原初的知覚の存在を示すものとわたしは見る。この後、すばらしく自然な観察を提供してくれることとは別に、便利さという観点から、サムの餌用のチキンを保存するには、最初に鶏肉をすべて骨からむしりとって、容器に小分けにして入れるのがベストだと思いついた。こうして一日分のチキンを入れた各容器が冷凍庫で保存されることになった。

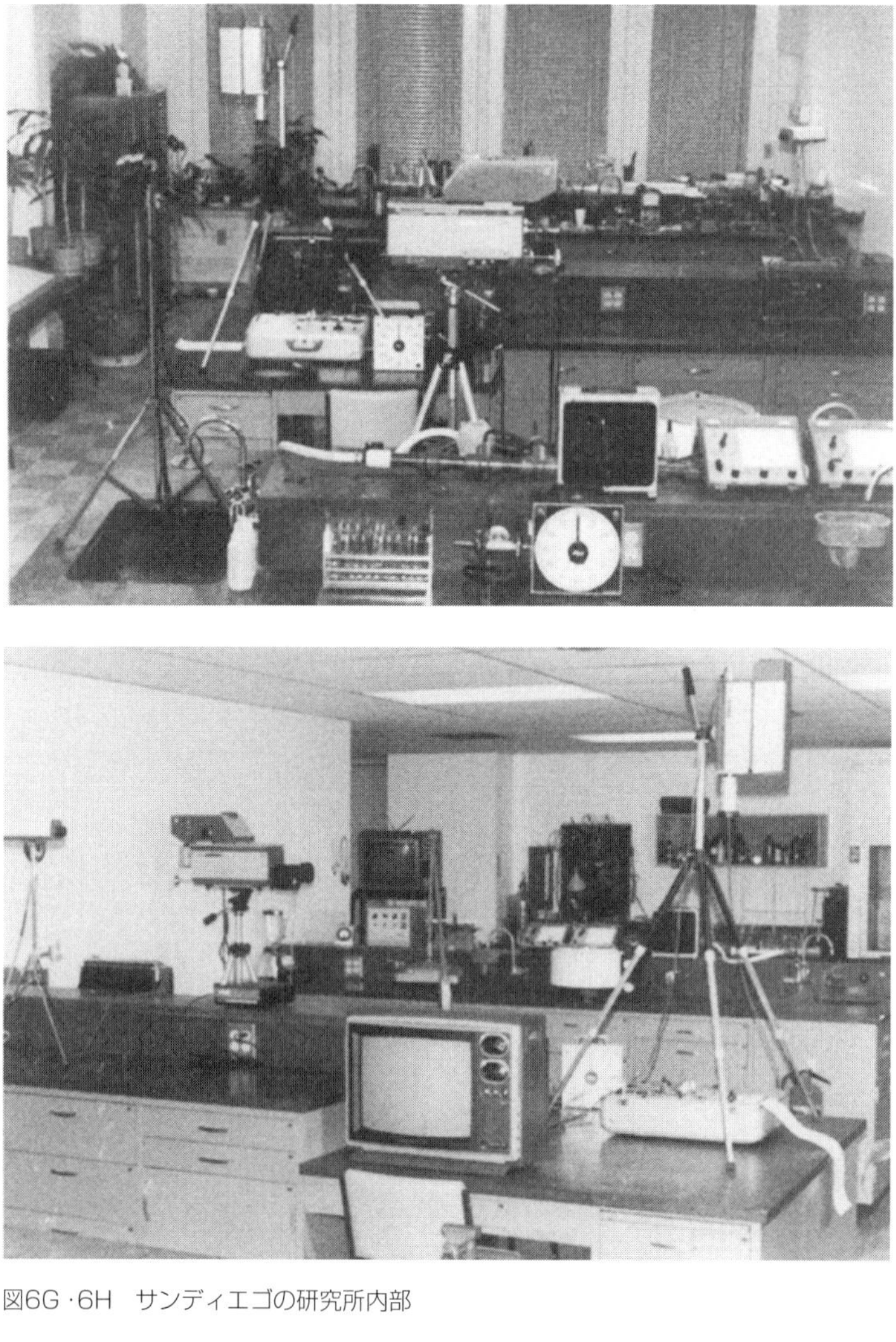

図6G・6H　サンディエゴの研究所内部

一九七四～七七年の三年間の貸借契約期間が終わりに近づいた頃、見逃すことのできない移転のチャンスが舞い込んできた。アメリカ政府の麻薬取締局（DEA）が、メキシコ国境に近い場所に移転するために、サンディエゴの中心部にある立地面積二〇〇〇平方フィート（約一八五平米）の建物を貸しに出したのだ。彼らは移転するにあたって、流し台やカウンター、保管キャビネット、たくさんの電気コンセント、それに五階の研究室から八階建ての建物の屋根に通じている排気設備などの耐久設備をそのまま置いていった。一平方フィート単位で借りることができ、今述べた設備もすべて家賃に含まれていた。われわれにとっては絶好の条件だったので、借りられる空間のすべてを借りることにして、一九七七年、研究財団の研究所をここに移転した。[*3] 建物はバクスター嘘探知検査官養成学校が入っても十分な広さだった。図6Gと6Hは、引っ越し後の新しい研究室の写真である。

善玉菌 対 ウォッカ・トニック

全米ポリグラフ協会は一九七九年年次総会の主催地にサンディエゴを選んだ。バクスター嘘探知検査官養成学校はスポンサーになってオープンハウスを催し、当時建物の二階にあった教室と五階の研究室を参加者に開放し、どちらの部屋にもバーを設けて飲み物を用意した。教室を見学する人もたくさんいたが、五階の研究室には一五〇人程が詰めかけた。見学者が来る前に、わたしはプレーン・ヨーグルトに電極を繋いでおいた。もちろん、会場はたくさんの人で混雑するだろうから、有意味な記録が得られることは期待していなかった。ふだん、われわれは非常に管理された環境下で実験を行なっているが、このような会場では、ヨーグルトの基本的な反応をデモンストレーションできればそれでいいとわたしは考えていた。来訪者のほとんどは個人的ないし公的にポリグラフ検査に関わっている人たちで、友人や配偶者を連れており、仲間同士で小さなグループを作っておしゃべりしていた。彼らが宿泊しているホテルとわたしたちの建物との間の移動用にバスを用意したので、飲み過ぎても安心だった。また混雑が予想されたので、ガイドを用意して研究所内を案内するようなこともしなかった。わたしは電極を取りつけたヨーグルトから五メートルぐらい離れたところに立っていたが、記録表を見ると非常に平坦なグラフを描いていた。これにはちょっとびっくりした。それで、混雑していて自由に動くことはできなかったが、記録表の近くに立っている人たちに見せたいと思い、何か反応が現れるような刺激を与えてみることにした。

ちょうど手の届くところに、試験管にヨーグルトを入れるときに使ったスポイトがあり、そのスポイトには少量のヨーグルトが残っていた。その傍にウォッカ・トニックが残っているグラスがあるのを見つけたので、わたしはグラスの中にヨーグルトをスポイトから直接に入れてみた。もちろん、スポイトの中のヨーグルトと、そこから約五メートル離れたところにある電極を取りつけたヨーグルトは直接繋がっていない。スポイトからグラスにヨーグルトを吹き出すように入れてかきまぜると、最初にふたつの小さな山がチャートに出現した。それはまさにヨーグルトがアルコールに触れた瞬間のことだった。そのおよそ五秒後、非常に大きな反応がわたしの目に飛び込んできた（図6 I）。

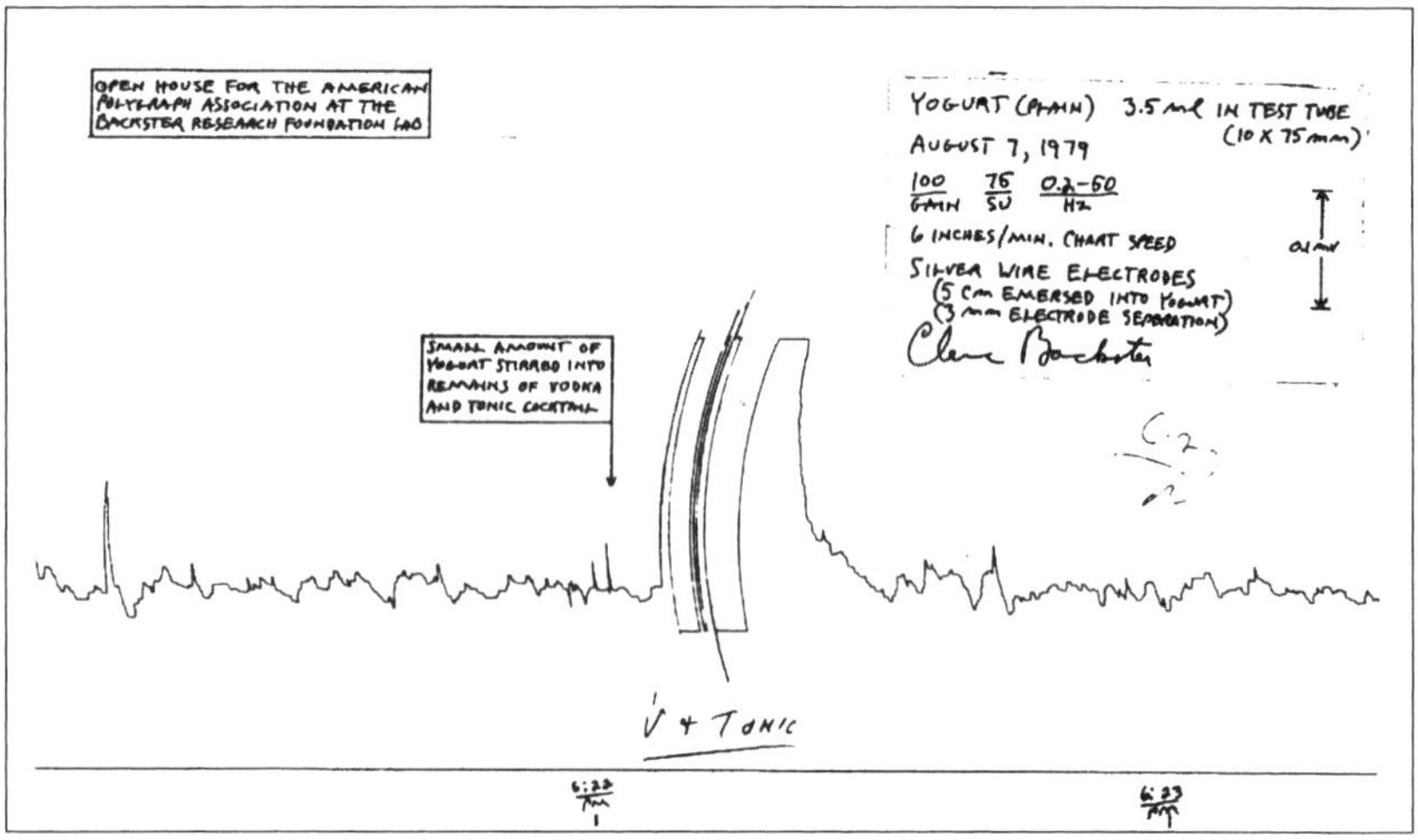

図61　ウォッカ・トニックに反応するヨーグルト

アルコールに浸されたヨーグルトに刺激を与えて、電極を取りつけたヨーグルトを刺激したのが、ウォッカだったのかトニックだったのかははっきりしない。それにしても、これほど大勢の人と喧騒の中で、電極を取りつけたヨーグルトが明確に反応したということにわたしは驚いた。

優先順位を付けるヨーグルト

非常に興味深かったのは、ヨーグルトのバクテリアが優先順位をつける能力を示しているように見えたことだ。人間にも同じような能力があって、一九六〇年頃にわたしも協力して改善した、現在もよく使われているテクニックがある。それは、人間の精神には物事に対して優先順位をつける傾向がある、という事実を基にしたもので、たとえば、相手が、犯罪に関する質問に対して虚偽の答えをすることを看破される恐怖を感じるかどうか、また、犯罪を犯していない場合には、比較のための質問による小さな惑わしに対応する能力があるかどうかを見るというものだ。このテクニックは、人間の「心理的傾向」（psychological set）の流れ、あるいは心の優先順序付けという、すでに確立した概念に基づいている。人間に関するこの概念はまた、「選択的注意」とも呼ばれている。[*4]

わたしはこんなバクテリアの次元にさえも、優先順位付けというシステムが存在する可能性を発見して、本当に驚いたものだ。それまでは、他のコミュニケーションが入らない純粋なバイオコミュニケーションを得るためには、管理された環境であることが必要であると信じてきた。しかし図6Iの記録を取ったとき、研究室には大勢の訪問者がいて、勝手にグループをつくっておしゃべりに興じていた。こうした雑然とした状況にもかかわらず、電極を取りつけたヨーグルトは、五メートルも離れたところにある、ウォッカ・トニックに浸されたヨーグルトに同調していることを示したのだ。このことは、バクテリアの次元ではあるが、人間の「心理的傾向」に匹敵する、原初的な知覚プロセスの存在を示唆している。

スティーヴ・ホワイトが研究に加わる

当時サンディエゴ州立大学の学生だったスティーヴ・ホワイトがバクスター嘘探知検査官養成学校にやってきたのは一九七九年のことだった。ポリグラフ検査官をめざす学生たちが実習をする際のボランティアとして、小額の謝礼で彼を雇ったのだ。彼が生物学専攻だということを知ったわたしは、

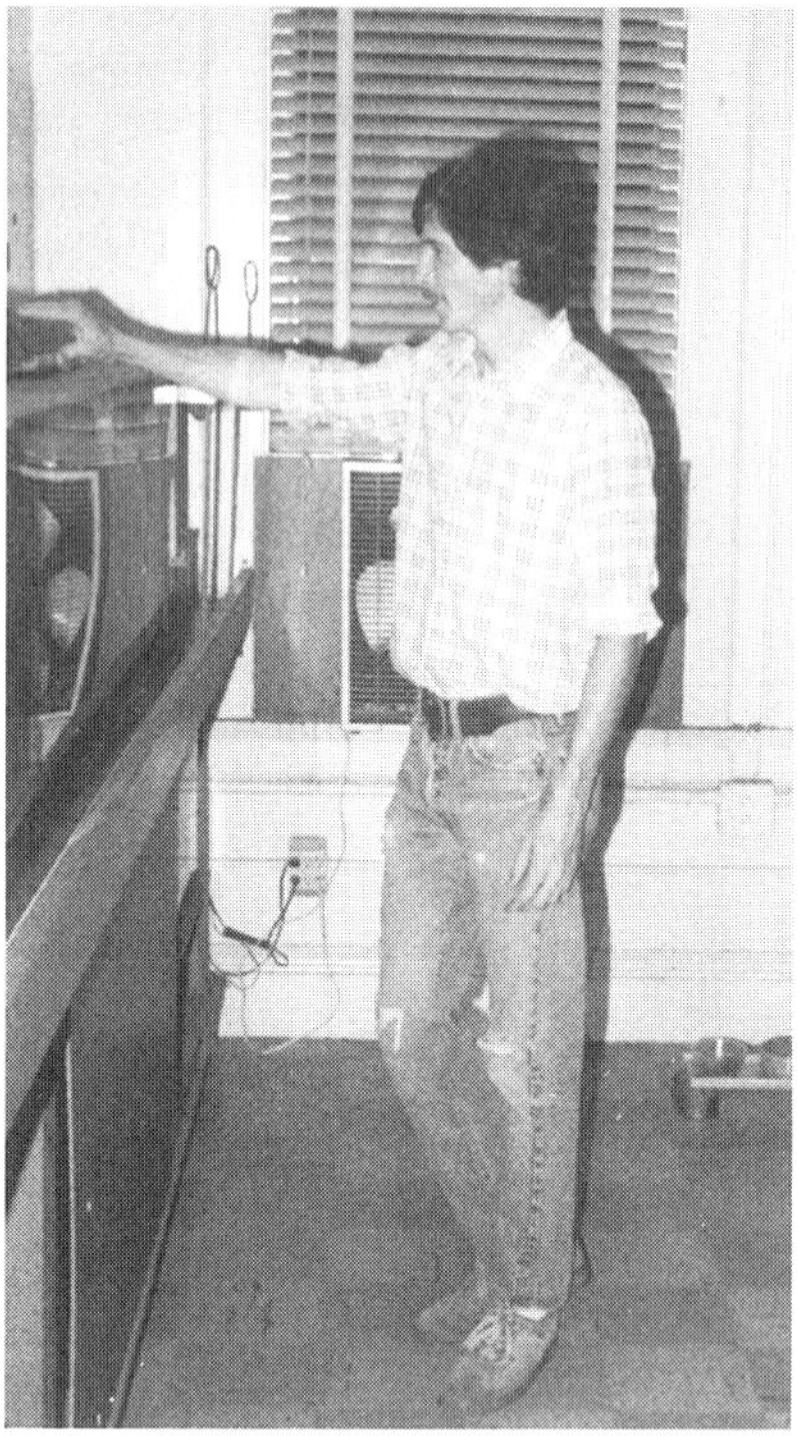

図6J　研究所で働くスティーヴ・ホワイト

自分の研究を見せたいと思い、五階の研究室に彼を招いた。

　こうして同年一〇月二一日から、スティーヴはバクスター研究財団でパートタイムで働くことになった（図6J）。彼はこれまで受けてきた科学教育のせいでわれわれの仕事にはきわめて懐疑的だったが、大学の授業料を払わなければならないという事情もあった。結局財団は、一九九三年の終わりまで彼をパートタイムで雇用することができた。[*5]

　スティーヴとわたしは、他の種類のバクテリアにもバイオコミュニケーションの能力があるのか、ぜひとも知りたいと思うようになった。そんなある日、スティーヴが、水槽の砂利に大量のバクテリアが生息していることを発見した。その頃、研究室には淡水および海水の水槽がたくさん並んでいた。この件ではスティーヴが大学で海洋生物学に特に力を入れていたことが非常に役立った（図6K）。われわれはまず、バクテリアに電極を繋ぐ方法を考えた。水槽の底から砂利をすくい、それを五ミリリットルの試験管に入れ、バクテリアに覆われたその砂利に金製の電極を挿入した。脳波計タイプの装置で取った記録を見ると、活発な反応が現れているようだった。われわれは、植物の場合と同じように、研究所内での日常的な雑事を行なうときには、特に期待もしないで装置のスイッチを入れたままにしておいた。ところで、実験装置のある場所のちょうど反対側にあたる壁際には小型水槽があって、餌用の小魚をそこで飼っていた。これは、海水の水槽で飼っている大きな魚の餌にする魚だった。

大きな魚(その水槽からバクテリアの付着した砂利をすくい取った)に餌をやる時間になると、明白にわかる自然な観察ができた。餌用の魚が入っている小型水槽に網を入れると、魚たちは、たぶん待ち構えている運命を感じてだろうが、常に興奮状態になった。これは十分納得できる。

図6K　砂利に発生したバクテリアを観察した当時の水槽群

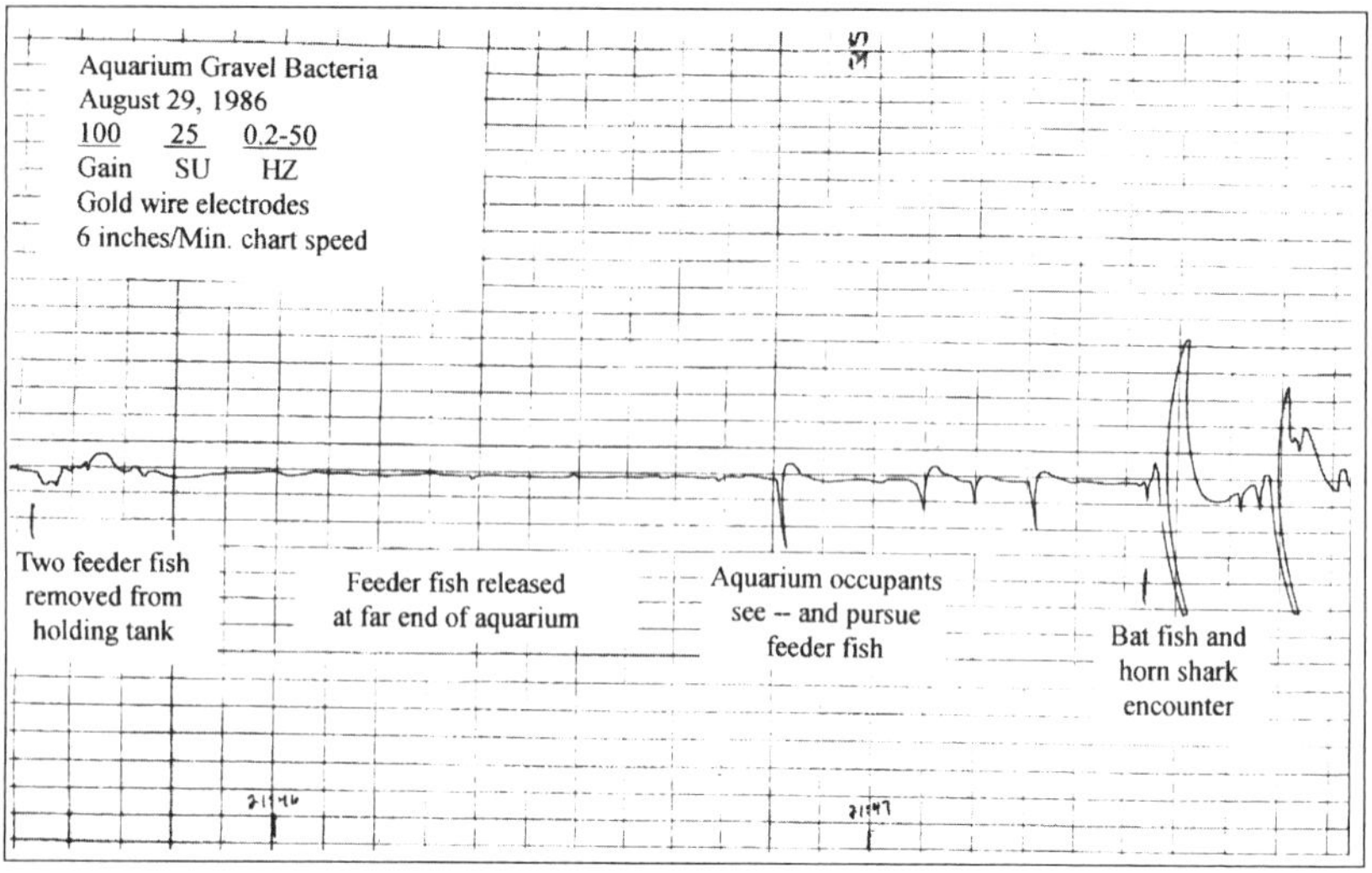

図6L　水槽のバクテリアがアカグツおよびネコザメと遭遇したときの反応

しかし、そのとき興味をそそったのは、電極を繋いだバクテリアの反応の方だった。われわれは記録用紙の紙代を節約するために、通常はインクをつけていない記録ペンの動きを見ていた。このときも、スティーヴが研究室の端においてある餌用の水槽に網を入れたとき、そこから約一〇メートル離れた研究室の反対側で、わたしは電極を繋いだバクテリアからの強い反応を示すペンの動きを観察した。これは、ヨーグルト以外のバクテリアにも、自分たちの環境を感知する原初的知覚があることを示すものだろう。

　自分の目で見たことに勇気づけられて、わたしはその日の夜遅く、脳波計型装置につながった記録ペンにインクをつけて、四五分間、電極を繋いだバクテリアの反応を記録した。いくつか目立つ反応があったが、特に、同じ水槽に放した二匹の餌用小魚や、ネコザメ、アカグツなどが互いに遭遇したときのバクテリアの反応は劇的だった（図6L）。

　われわれが電極を繋いだバクテリアにはこの他、人腸菌のDH1があった。これは、カリフォルニア大学サンディ

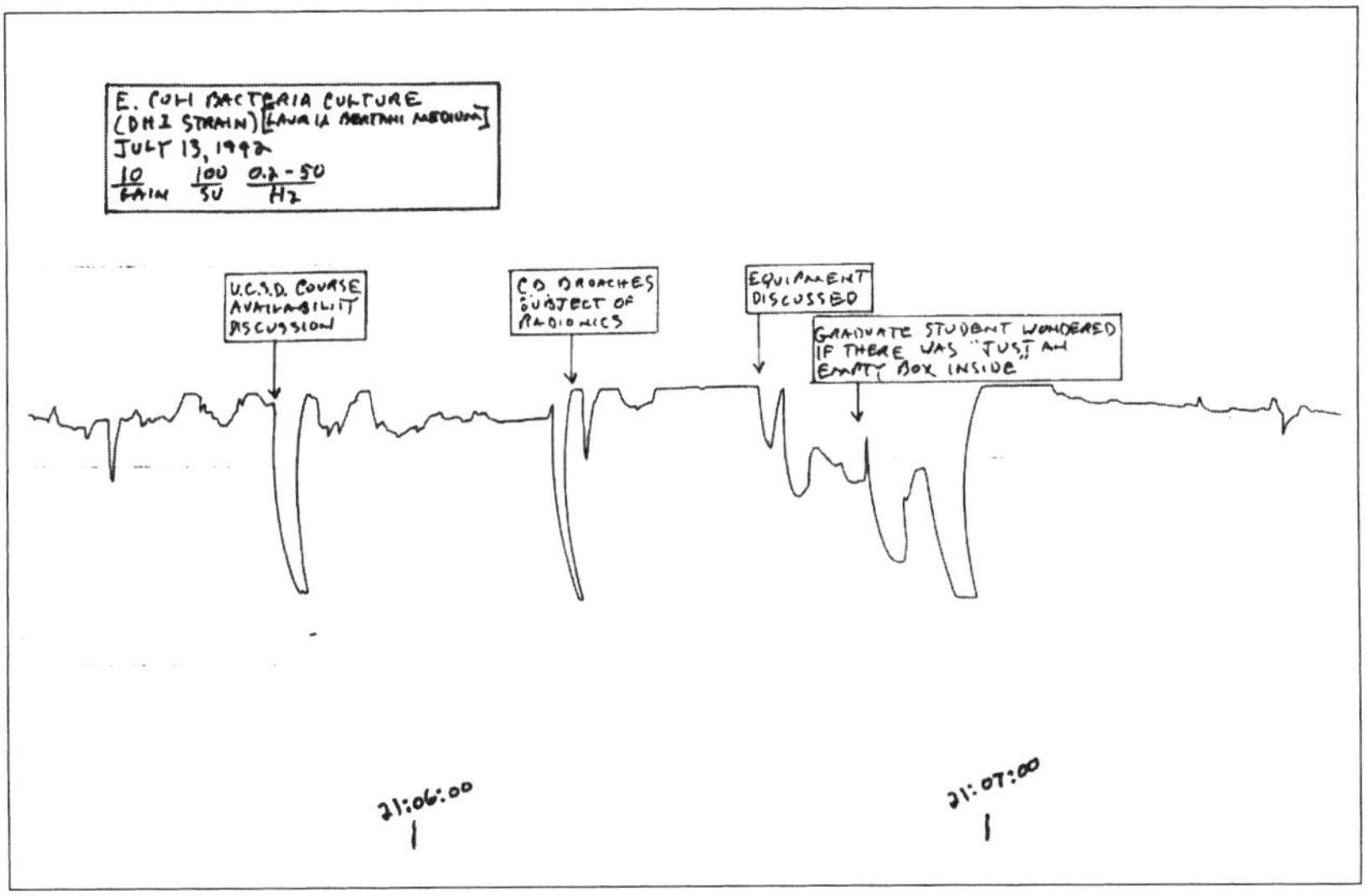

図6M　大腸菌の反応記録

エゴ校（UCSD）の大学院生がわれわれの研究室で培養したもので、この培養した大腸菌の反応を最初に記録したのは、一九九二年七月一三日のことだった。電極を繋いだ大腸菌は、われわれの会話に対して感受性を示したように見えた。会話の最初の部分は、UCSDのコースのことで、とりわけ、希望していたのに取得できなかったコースについて学生たちが落胆の気持ちを口にしていたときのものだ。それからわたしは、もっと反応を引き出そうと思い、当時物議を醸していたラジオニクス（人間の超常的な同調能力を増幅するために使われる電気的装置）の話題を持ちだした。ラジオニクスで用いられる電子装置について話が盛り上がったとき、ある学生が、ラジオニクスの装置の「中は単に空っぽ」なんじゃないかな、と疑問を口にした。この間の大腸菌の反応記録は、われわれの一つひとつの話に、ユニークにも下方への反応を示していた（図6M）。この件については、適切な安全装置と、他の大腸菌を用いたさらなる観察が必要であろう。

紅茶キノコ

紅茶キノコ〔なぜかアメリカでは kombucha tea と呼ばれている〕という健康飲料のことを知ったのは、一九九六年のことだった。これはキノコに似た複合物を発酵させたもので、地衣類、酢酸菌〔Bacterium xylinum〕、自然のイースト菌などからできていると言われている。紅茶に白砂糖を混ぜたものにこの「キノコ」を浮かばせておくと、七日から一〇日間で健康によいお茶ができるので、これを少しずつ飲むとよいとされている。文献では、紅茶キノコの歴史は二〇〇〇年前のアジアにまで遡っている。また、身体の健康維持に重要な、多量の酵素と栄養素を含んでいるという報告もある。

特に興味をひいたのは、次のような記事だ。けっして学問的な文献ではないが、紅茶キノコとそれを飲む人との間の関係性について述べたもので、たとえば、紅茶キノコはけっして金銭で売買されてはならず、無償で譲るという形でなければならないことや、紅茶キノコにやさしく話しかけると良質のものができる、といったものだ。紅茶キノコは周囲のネガティブなものに非常に敏感だと言う人もいる。こうした意見に興味をかきたてられたわたしは、さっそく紅茶キノコに電極を取りつけて実験を行なった。結果はヨーグルトで実験した場合と同様、原初的知覚があることを確認するものだったが、今回本書を著すにあたって、より厳密な実験を行なった。

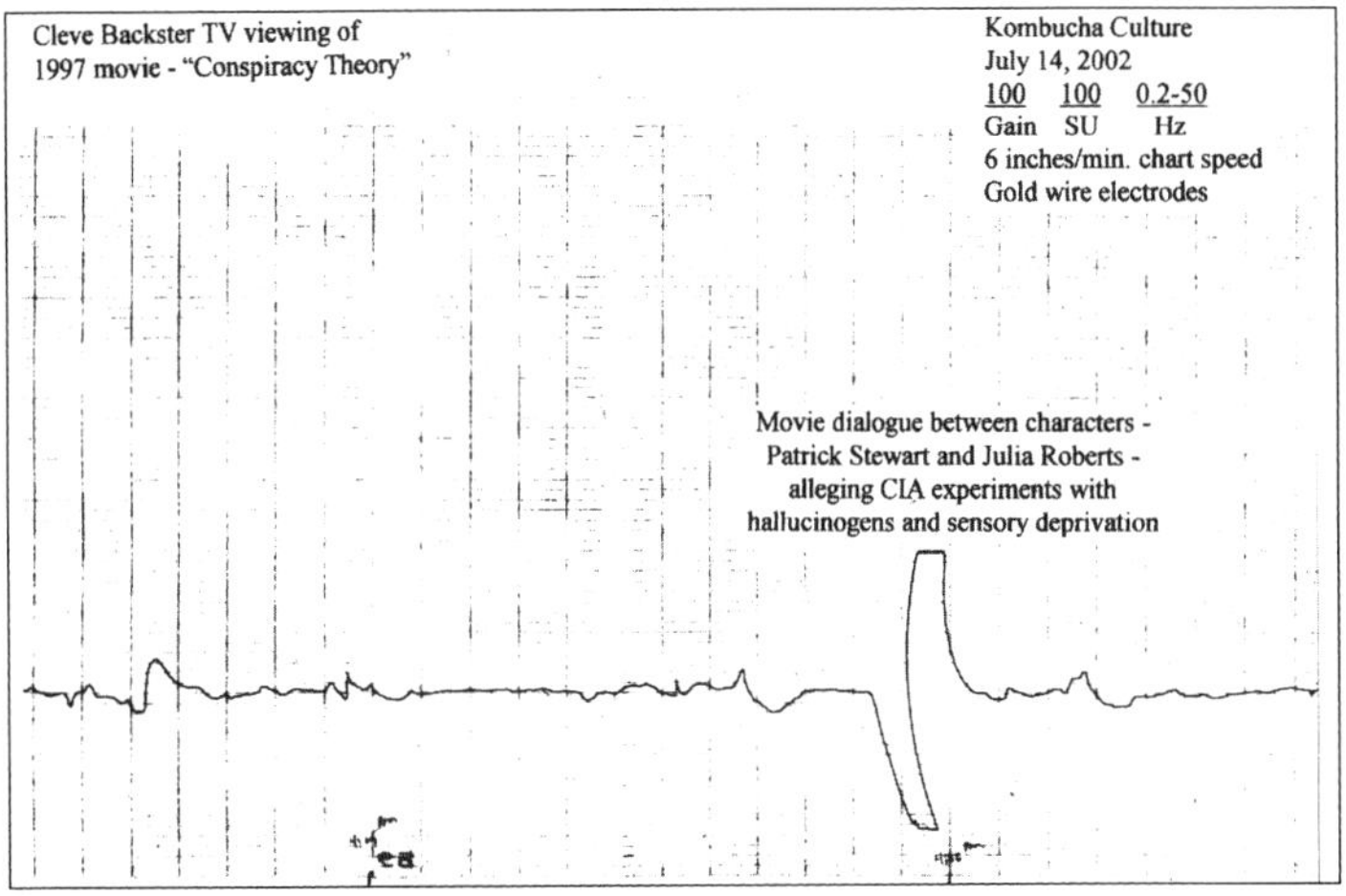

図6N　紅茶キノコの反応記録

実験は、研究室にシャム猫のリビーとレオの他には誰もいないときに行なった。育ったばかりの紅茶キノコから取った培養物を五ミリリットルの試験管に移し、電極を繋いだ。脳波計タイプの装置が反応を記録している間、わたしはメル・ギブソンとジュリア・ロバーツ主演の一九九七年の映画、「陰謀のセオリー」の後半をテレビで観ていた。初めて観る映画だ。紅茶キノコはいくつか興味深い反応を示したが、午後四時六分に大きな反応が観察された。それは、わたしがジュリア・ロバーツとパトリック・スチュワートがあることについて会話しているのを聞いたときに起きており（図6N）、その会話の内容は、CIAが幻覚誘発剤や感覚遮断による実験を行なっているという噂に触れたものだった。わたしは過去にCIAに勤務していたことがあるので、この電極を取りつけた紅茶キノコの反応をどう解釈したらいいかは、「陰謀のセオリー」の専門家に任せようと思う。

抗生物質に対するヨーグルトの反応

過去七年間、わたしはサンディエゴの北三〇キロのところにある町エンシニタスにあるカリフォルニア人間科学大学院大学の講師をしている。このカリフォルニア州公認学校の非常勤講師には、すでに第六章で紹介したスタンリー・クリップナー博士、アレグザンダー・デュブロフ博士、ジョン・アレグザンダー博士などが名を連ねていた。[*6] 一九九六年、この人間科学研究所のバイオコミュニケーション・コースを取っている学生たちが、わたしのサンディエゴ研究室で実地見学を行なった。こうした実地見学は、学生が研究室の設備を使って自らバイオコミュニケーションを観察することができる良い機会だった。

その日の夜、わたしが電極を繋いだヨーグルトの反応を学生たちに見せている間、学生たちは、彼らがまもなく行なうことになっている課題のことを話しあっていた。それは細胞を提供してもらって、本人から遠く切り離された細胞の反応を調べるというものだが、確実な反応を得るにはどんな刺激がいいか、というのが話題だった（この実験については第七章で述べる）。ある女性が、自分はこんなことができると思うと、熱心に話していた。それは、彼女の細胞を試験管に入れて電極を繋ぎ、それを地上の研究室においたまま、自分はヘリコプターに乗って雲の上に行くというのである。そうすれば、自分は飛行機恐怖症なので、きっと大きな反応を期待できるだろう、と。この話で、彼女が自分の恐怖について述べたとき、その想像の話の部分で、ヨーグルトが、穏やかではあったが、反応を示した。よく体験することだが、電極を繋いだヨーグルトは、グループで話しあっている人間の感情に反応するように見受けられる。

さて、グループの会話に勢いがなくなりはじめた頃、わたしは研究室にペニシリンの一種であるアンピシリン三水和物があることを思いだした。この抗生物質は、摂取すると、善玉菌・悪玉菌どちらのバクテリアも殺してしまう。わたしは、グループが話している間に、研究室の奥に行って薬のカプセルを見つけ、その中身を少々、実験用のへらに移した。それから学生たちに気づかれないようにしながら、電極を繋いだヨーグルトと同じヨーグルトから、その一部をビーカーに移した。それからこのビーカーを、議論中の学生たちを撮影しているビデオカメラの前に置いて、カプセルからへらに移したアンピシリンの粉をヨーグルトの中に投入してみた（図6O）。

ビーカーに入れたヨーグルトのバクテリアにアンピシリンが効きはじめると、電極を取りつけたヨーグルトが大きく反応した。この一連の出来事は、画面を二分割できるビデオに記録されていた（図6P）。学生たちはこの出来事については予想だにしていなかったし、わたしにしても何が起きるか確実に知っていたわけではない。しかしこれは非常に大きな成果だった。記録に現れたものを見ていただきたい（図6Q）。

本章のしめくくりの言葉として、進化生物学者として著名なエリザベット・サートゥリスのコメン

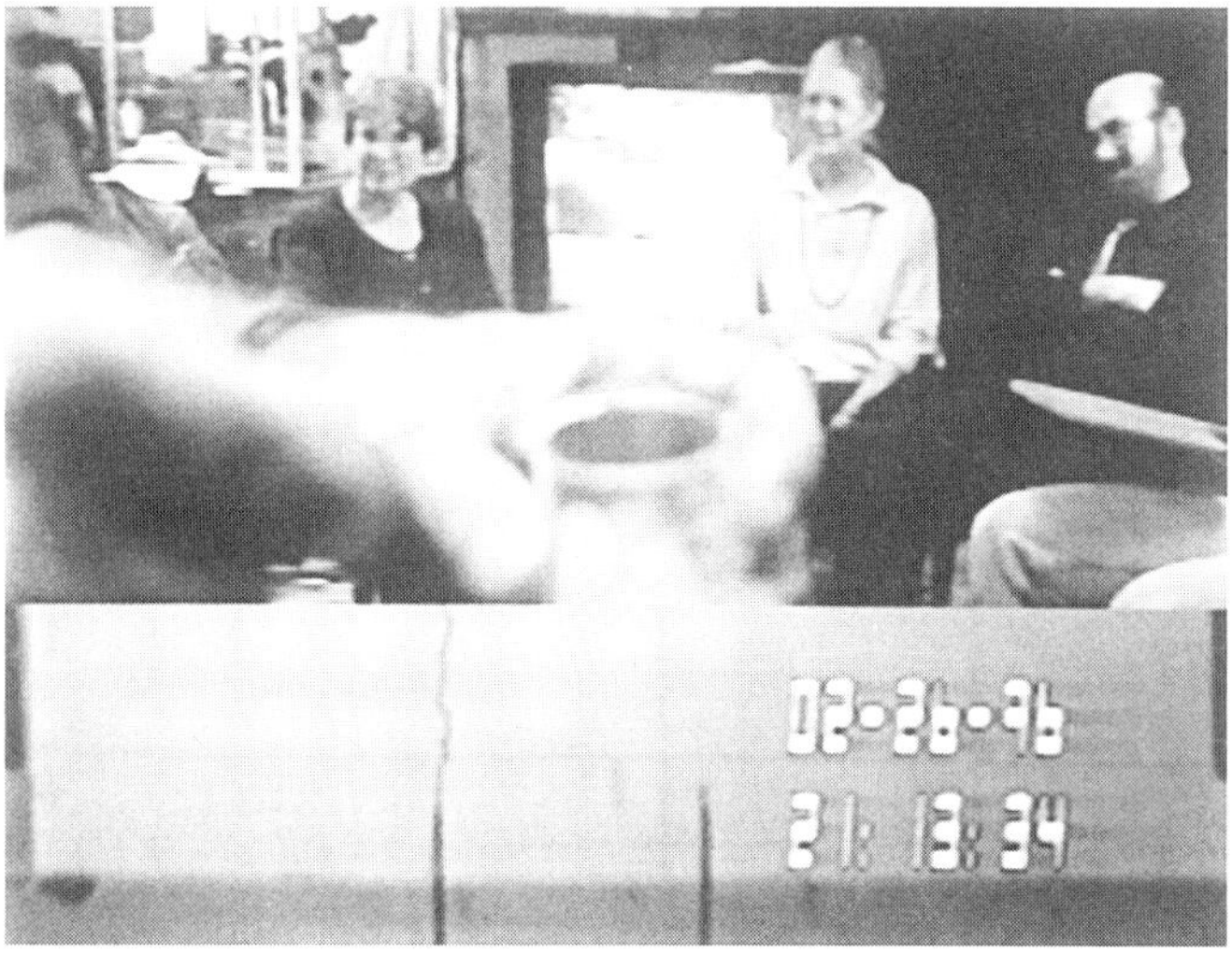

図60　電極をつないでいないヨーグルトに抗生物質を入れる

図6P　電極をつないだヨーグルトが抗生物質に反応する

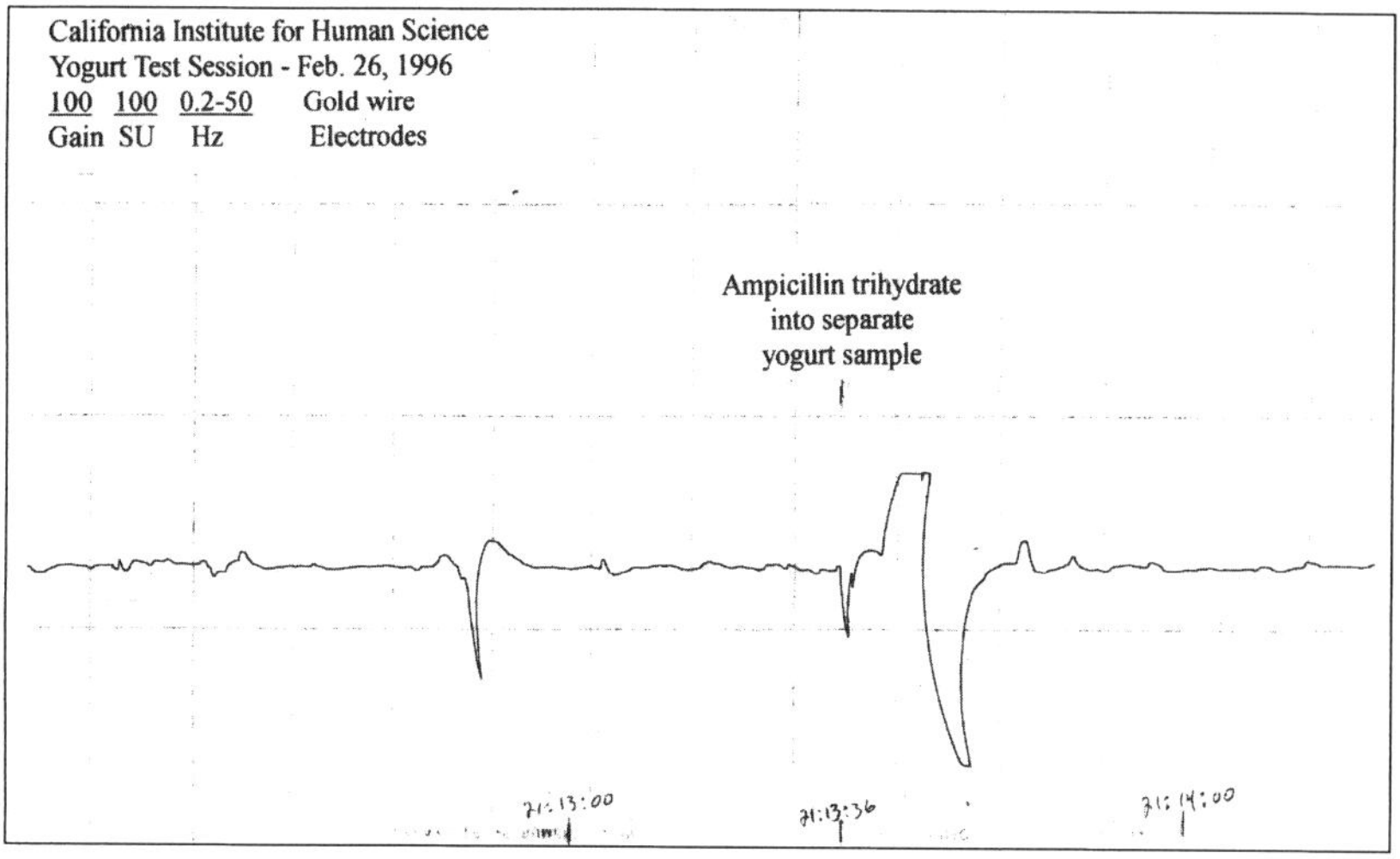

図6Q　抗生物質に反応するヨーグルトの記録チャート

トをここに紹介したいと思う。

「バクテリアは自分より大きな細胞を形成し、その細胞からその他すべての生物界が形成される。さらに言えば、バクテリアは自分以外のものが一切存在しなくてもそれだけで生きていくことができる唯一の生命体でもある。もしバクテリアに考える能力があるとして、バクテリアが、世界は自分たちのものだ、と考えてどこが悪いのだろう？」*7

──原註

1．電極線を銀から金に替えたのは、次のような理由もある。銀の電極では、ヨーグルトサンプル中にある湿気のために銀塩化銀が作られ、銀の針金電極を覆う。ところが、銀塩化銀は殺菌剤であるために、これがヨーグルトバクテリアとの相互作用を引き起こし、記録が乱雑になる。

2．一九七四年当時、バクスター嘘探知検査官養成学校と研究財団があったニューヨーク市のタイムズスクエアは、現在のルディ・ジュリアーニ市長の任期中に完成したいわゆる復興計画が開始されていなかった。そのために移転を適切と判断し、サンディエゴを学校の候補地に選んだ。われわれに引き続いて国有の学校も移転してきた。学校運営のパートナーであるボブ・ヘンソンはサンディエゴ近くに親戚があり、わたしにとってもここは、第二次世界大戦中、海軍に所属していたときに短期ながら駐屯した土地だった。引越しは一九七四年八月に行なわれ、われわれは二人ともここを理想的な場所だと思った。

3．一九七七年、DEAがあった占有面積の全部が安価で貸しに出された。しかしその後二五年間に賃借料は四倍にはね上がり、われわれにとっては経済的に大変苦しい時期があった。

4．「心理的傾向 Psychological set」について知りたい人は、『ポリグラフ・ジャーナル *Polygraph Journal*』（Vol. 30, No. 3, 2001）に、James Allan Matte, Robert Nelson Grove による決定的な記事が掲載されている。

5．スティーヴ・ホワイトは計一四年間、バクスター研究財団にパートタイムとして働いてくれた。彼の最初の一〇年間の雇用を可能にしたのは、個人的な友人であるエヴリン・レナードからの、小額ながらありがたい資金援助があったからである。彼の他にも、ボランティアの方たちの散発的な協力はあったが、たとえパートタイムであっても、彼はバクスター研究財団の給料支払簿に載った最初のそして唯一の雇用者である。本書の前半を書いている間、研究活動について述べる際に、常に「わたし」という一人称しか使えず、そのことにちょっとぎこちない思いを抱いていた。しかしこの一四年の活動については、常に研究に積極的に協力してくれた彼のおかげで、「われわれ」と書くことができて感謝している。

6．カリフォルニア人間科学大学院大学および研究センターは、一〇年前に、現在も学長を務めている本山博（哲学博士・文学博士）によって創立された。この研究所は、州認可の単位取得プログラムにより、大学院と同等の、生命物理学、心理学、比較宗教学、哲学の分野における教育を行なっている。

7. Elisabet Sahtouris, *Earth Dance: Living Systems in Evolution*, iUniverse. com Inc., 2000.

第七章　動物の細胞からヒトの細胞へ

植物、鶏卵、そしてさまざまなバクテリアがバイオコミュニケーション能力を持っていることを示唆する原初的知覚の例を得られたことから、わたしは同じような能力がヒトの細胞にもあるのではないかと考えはじめた。細胞が人間の複雑な組織の一部として体内にある場合の実験では、細胞の反応を説明する理由があまりにたくさんありすぎる。反応を身体全体に広がる神経系のせいにできるからだ。しかし、細胞を身体から切り離して試験管内に移せば、こうした問題は避けられるだろう。

わたしは、植物の反応を観察していたときに、トイレで誰かが排泄した尿中に含まれていた細胞がコミュニケーション能力の存在を示唆していたことを思いだしながら（第二章参照）、試験管内実験用の細胞を集める具体的手段を考えはじめた。

あるときわたしは、ニュージャージー在住の細胞学者ハワード・ミラー博士と、細胞の採取法についてさまざまな可能性を話しあっていた。彼はわたしの研究に関心を抱き、『メディカル・ワールド・

ニューズ』で、「バクスター氏は〝細胞意識〟のようなものを発見した可能性がある」と書いている。[*1]
ミラー博士とわたしは、人間の血液から採取した白血球がもっとも興味深いという点で意見が一致した。白血球は人の免疫系の一部として非常に重要な役割をはたすものだからだ。それに、白血球を用いた場合、ヒトの細胞を培養する際に必要な特殊な知識や経験は必要ない。唯一の問題は、採血して白血球を分離する過程は、医師の監視下で行なわなければならないだろう、という点だった。このやっかいな問題があったために、試験管内細胞を用いた研究に着手するのがしばらく遅れてしまった。
しかしその間にも、初歩的な方法ながら、わたしは自分の口腔からこそげとった細胞に電極を繋ぎ、GSRを用いて観察を続けていた。こそげとった細胞は短命だったが、結果は十分期待できるものだったので、ヒトの細胞の試験管内実験に対する期待は高まるばかりだった。
すでに第五章で述べたように、一九七二年三月、わたしの研究室に心電計と脳波計が導入された。同年初頭、ノース・キャロライナ州ウィンストン・セイラムにあるレイク・フォレスト大学付属ボウマン・グレイ医科大学のシグマ・ザイ名誉学生協会から講演依頼を受けた。講演を行なったのは五月四日で、聴衆のほとんどは医師だった。わたしはそれまで行なった研究について話した他、ちょうど適切な機器を手に入れた後だったので、今後はヒトの細胞の原初的知覚についても研究を広げるつもりであることを述べた。講演後、わたしを招待してくれた人に感想をたずねると、「たぶん聴衆の半分は、あなたのことを気が変だと思ったでしょうね」と言われた。これにはひどく驚いたが、相手は、「しかしこれはいい傾向ですよ。わたしは全員がそう思うだろうと予想していましたから」と言った。

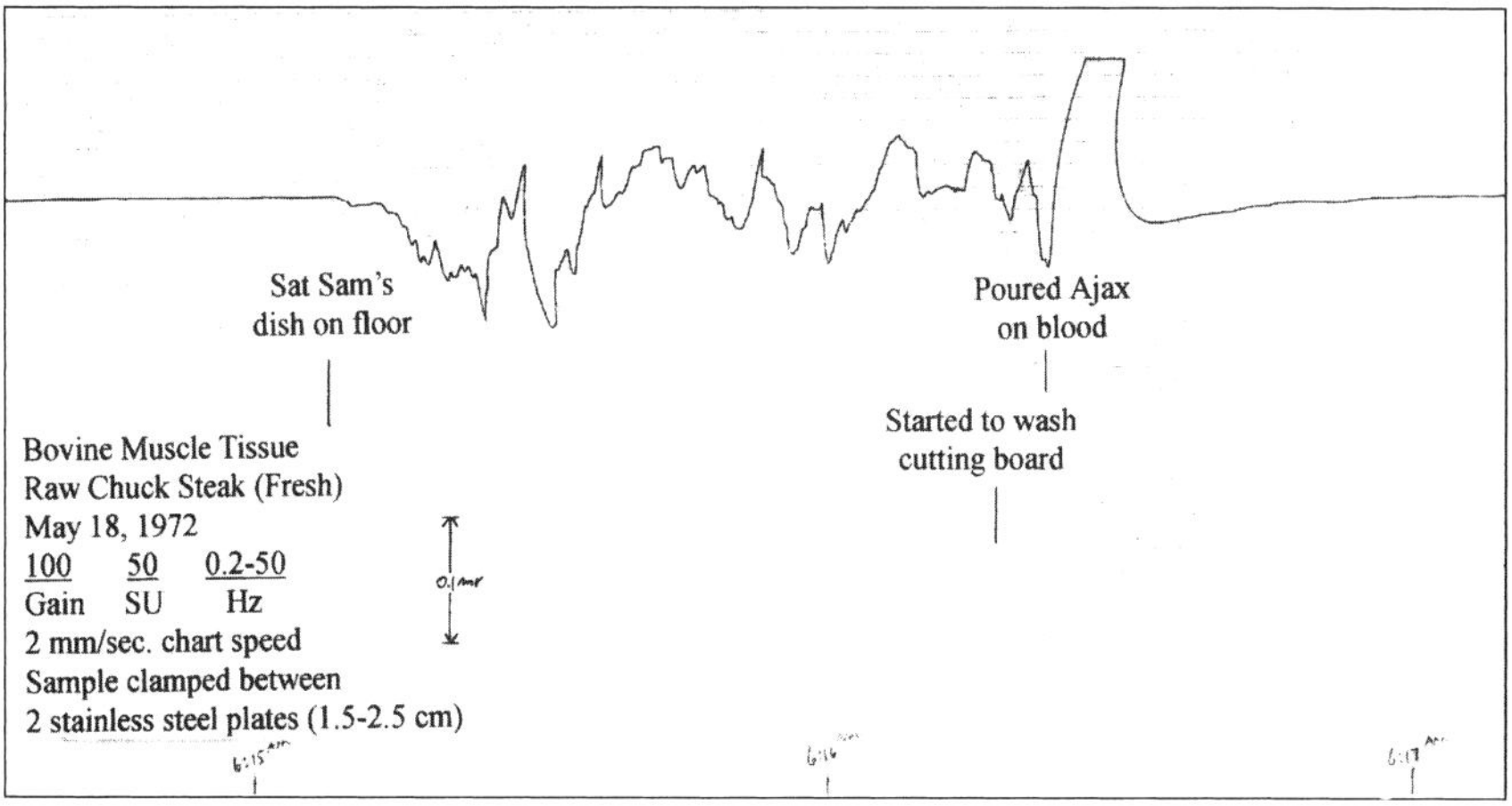

図7A　牛肉の細胞の反応

つまり、わたしの講演は大成功だったわけだ。

ボーマン・グレイ医科大学の講演から二週間後、わたしはまだどうやってヒトの細胞を手に入れたらいいか考えていた。そのときふと、暫定的な実験として、動物の細胞を試験管に入れて電極を繋いでみることを思いついた。そこで、同年五月一八日から二二日の間、生の牛肉の筋肉組織を使って、最初の実験を行なった。おそらく生きた細胞で見られるような反応を、この電極をつけたサンプルからも得られるだろうとわたしは予測した。まず、一切れのステーキ用の肉を二つに切り分けて、片方を冷凍した。それから、もう片方の冷凍していない肉からとった肉片を二つの電極の間にはさんだ。その後、その肉片から二部屋離れたところにある脳波計タイプの装置を使って、非常に興味深い記録を観察することができた。

この実験では脳波計の記録チャートにいくつもの反応が現れたが、なかでも最も良かった記録は、わたしが生肉からさいころ状に切った肉切れ一つを、皿に載せて床に置いたときだった。これは電極を取りつけたものと同じ肉から取ったもので、皿はもちろ

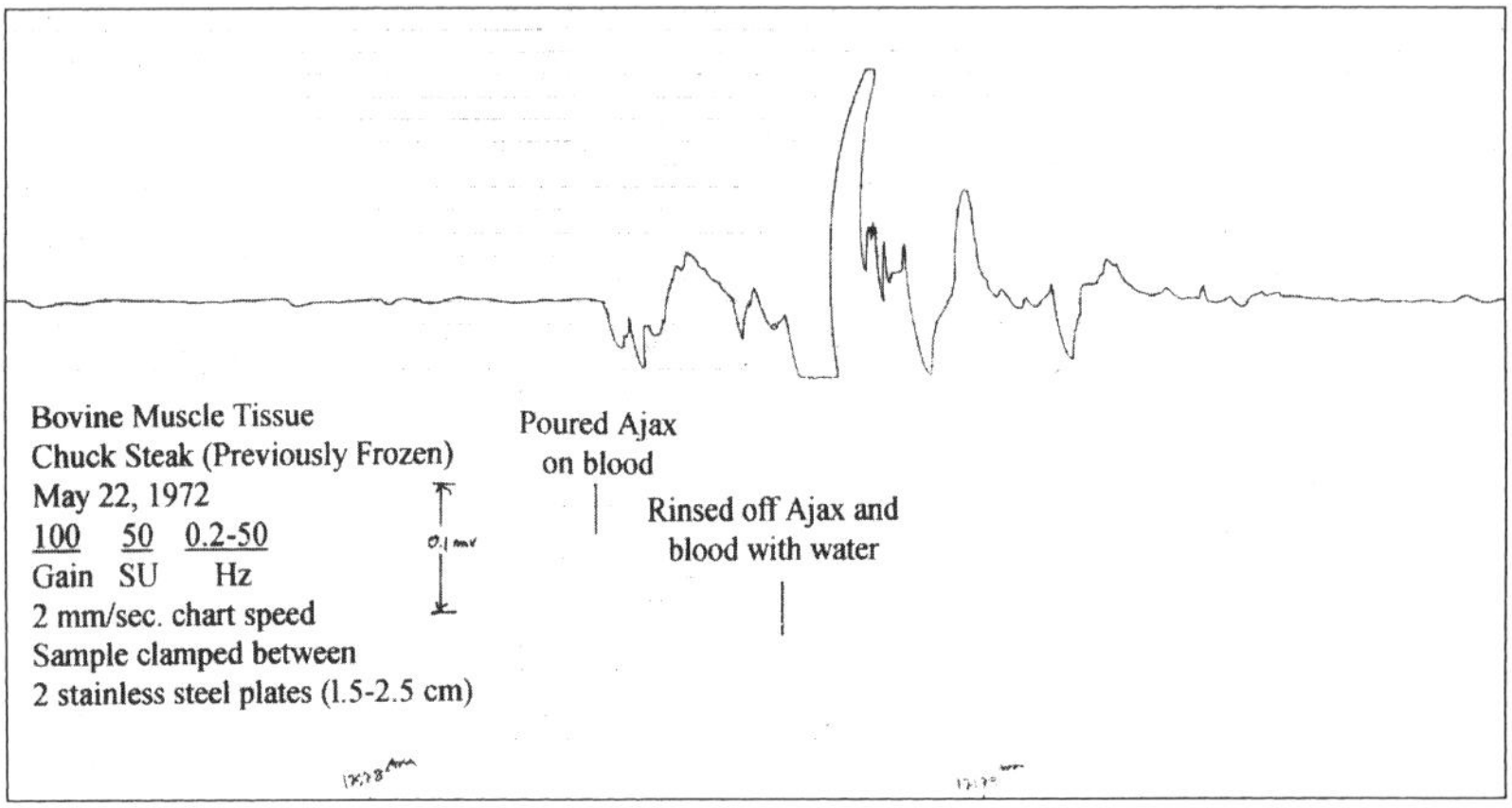

図7B　解凍した牛肉の細胞の記録

んシャム猫のサムのものだ。脳波計の記録は、その前の数分間は静かだったのに、さいころ状の肉片をサムが食べるとき、大きな反応を示した（図7A）。そしてその反応は、ステーキを切ったまな板を洗いはじめたとき、最大になった。なかでも、まな板に残っていた血にエイジャクスの洗剤をふりかけた瞬間、反応は最高に達した。

それから三日後、わたしは前に冷凍しておいた牛肉を取り出して、ふたたび同じ実験にとりかかった。冷凍した影響が反応にどう出るのか、興味津々だった。記録を取り始めるといくつか面白い反応があったが、計二時間の実験の半ばあたりで、劇的な反応が起こった。それは、冷凍肉から出た血液に洗剤をふりかけたときだった（図7B）。この実験から、冷凍しても、バイオコミュニケーションの能力には何の影響も与えないことが明らかになった。

ヒトの細胞を用いた初期の研究

牛肉のような動物細胞からの反応を簡単に得られることがわか

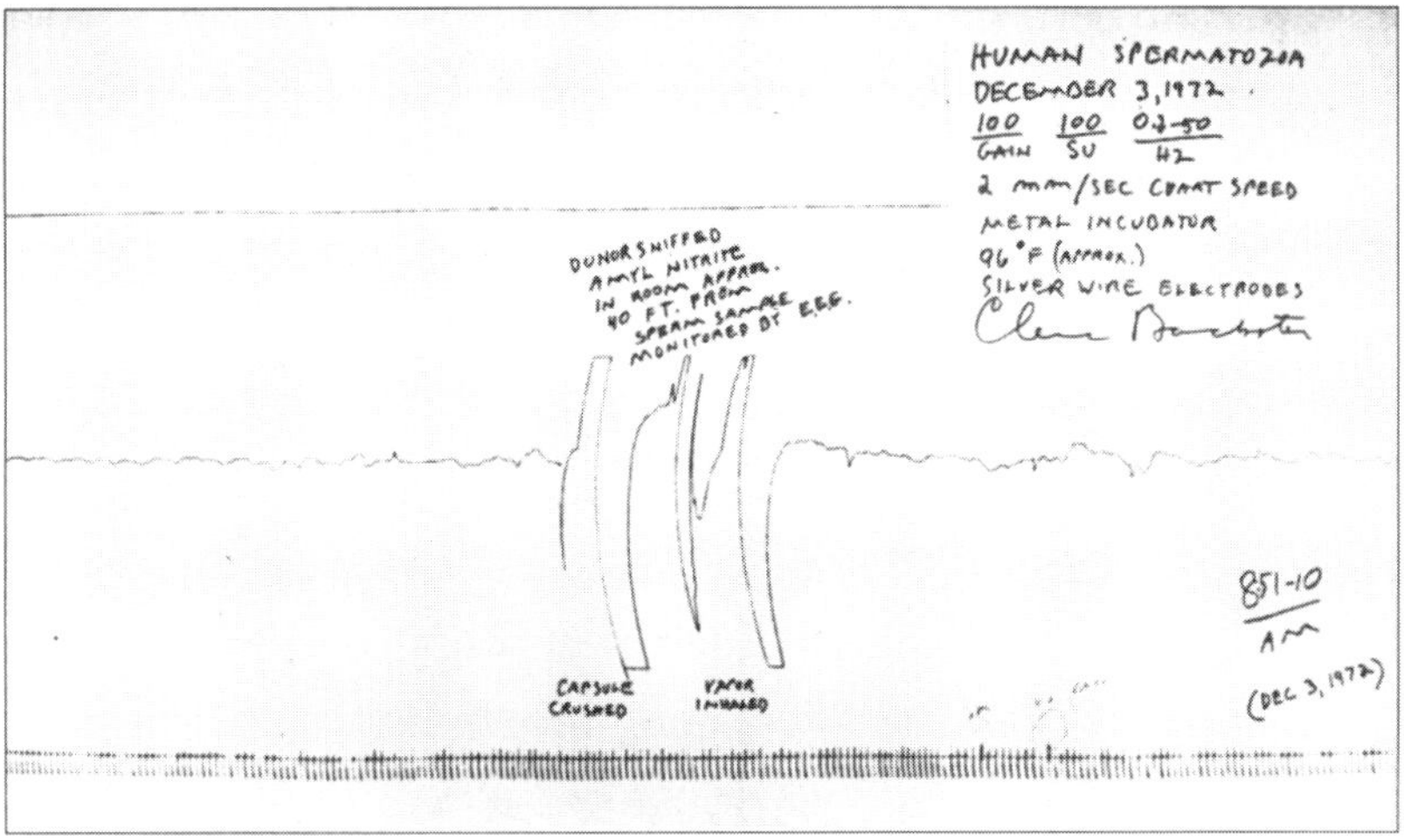

図7C　人間の精液の反応。提供者は遠隔地にいる

ったので、わたしは一刻も早く、人間の身体から分離された細胞を対象とする実験を始めたいと、やきもきしていた。そこで思いついたのが、ヒトの精子に電極を繋いで脳波計タイプの装置で反応を見ることだった。うまくいけば、何千何万という精子からの反応が得られるだろう。一九七二年五月、わたしは電極を繋いだ精子の予備観察を行なった。しかし最終的な方法が確立されたのはその年も後半になってからだった。それは、提供者の精子の入った五ミリリットルの試験管内に銀の針金電極を挿入するものだった。

図7Cは、三部屋離れたところで、ヒトの精子の反応を記録したものである。最初の反応は提供者が亜硝酸アミルのカプセルをつぶしたとき、その煙霧と中身の液体が提供者の親指と人さし指に触れたときに起こった。二番目の大きな反応は提供者が亜硝酸アミルのカプセルから出た煙を吸ったときのものだ。亜硝酸アミルは通常、医療用として、高血圧による脳卒中の発作が懸念されるときに、その可能性を低くするため血管拡張剤として用いられる。

サンディエゴへの移転後、ヒト細胞の研究は一時中断した。というのも、すでに第四章でも触れたが、一九七五年一月にニューヨークで開かれた米国科学振興協会の会議に出席したため、その後の何年かは、この会議から派生した活動で手一杯になってしまったのだ。

この中断していた期間の最初の二年間は、初期の仕事——植物、卵、バクテリアを対象とした研究——に関する意見交換、記事執筆、講演などを行なっていた。また同じ期間に、英国のBBCのドキュメンタリー番組「グリーン・マシン」の製作にも協力していた。この番組は、米国ではPBS（公共放送サービス）より「ノヴァ・プログラム」の一つとして放映された。わたしの原初的知覚の研究は、この番組の中に二〇分間収められている。こうして、一九七七年になってようやくヒト細胞の研究に戻ることができた。

扉が開く

一九七七年七月、チャールズ&イルマ・フックス夫妻が、わたしを彼らの家に招待してくれた。テキサス州ヒューストンの郊外に住んでいた彼らは、科学者を何名か自宅に呼んで、その話を招待客に楽しんでほしいと考えたらしい。以前、ホストのチャールズとイルマは、超心理学者のビル・ロールとともにサンディエゴのわたしの研究所を訪ねてきてくれたことがあって、その縁でわたしも客として呼ばれたわけだ。他には、後にスタンフォード研究所における遠隔遠視研究で有名になったハロルド・プットホフや、臨死体験を扱った本として有名な『かいまみた死後の世界』（邦訳、評論社）を著したレイモンド・ムーディなども招待されていた。科学者たちの話も面白かったが、この集まりでわたしは自分の研究に非常に大きな意味を持つことになる人物と出会った。その人はフックス家に招かれた客のひとりで、ジェイムズ・クリンカマー歯科医博。ヒューストンにあるテキサス歯科大学の研究者だった。夜も更けてきた頃、わたしはクリンカマーに自分が直面している悩みを話していた。すなわち研究に用いるヒトの細胞を、医療従事者なしでどうしたら集めることができるか、ということだ。当時、クリンカマー氏は歯肉歯齦《しぎん》炎など、さまざまな種類の歯茎の病気を探知する方法を開発している最中だった。その方法の中には「白い細胞」と呼ばれている、口腔内白血球を集めることも含まれていた。彼は、一定の期間に集められた白血球の数をコンピュータで数えるとき、その数が、白血球を集める間に細胞提供者が体験する一時的な感情の変化に影響されることに、すでに気がついていた。そのために、わたしの細胞によるバイオコミュニケーション研究がこのことと関連があるのではないかと、瞬時に理解してくれたのだった。

フックス家の集いが終わった後、クリンカマーとわたしは彼の車でヒューストンの中心部に向かった。大学に着くと、彼の研究室に案内され、提供者の口内から白血球を採取する方法を実際に見せてもらった。そのうえ、順を追って手ほどきを受け、彼の研究論文の写しをいただき、必要な器具の使い方まで教えてもらったのだ。彼から与えられたこの貴重な情報のおかげで、ついに侵襲的手段によらずにヒトの細胞を採取する方法が見つかったわけである。

サンディエゴの研究室に戻ったわたしは、白血球細胞を分離するのに必要な機器の一つである遠心分離機を発注した（図７Ｄ）。

遠心分離機が届いてからのひと月は、まず自分の白血球を採取して手順を練習した。

クリンカマー博士から教えてもらった細胞採取法では、一・二％の塩水一〇ミリリットルを入れた試験管を一二本用いる。それからこの一〇ミリリットルの塩水を口の中で約三〇秒間もぐもぐさせ、それを遠心分離機用の一五ミリリットル容量の丈夫な試験管のうちの一本に入れる。こうして一二本が揃ったら、遠心分離機を高速回転させる。そうすると白血球細胞が分離して試験管の下の方に沈殿するというわけである。次に、長い点眼器を使って白血球細胞を試験管から集める。クリンカマー博士の手順に従うのはここまでだ。彼の方法ではこの後、細胞に色をつけて、コンピュータで細胞の数を調べるのだが、わたしの研究では、生きたままの細胞を一ミリリットル用の試験管に移し、その試験管の中に金の電極線を挿入する。そして、その電極を脳波計タイプの装置に繋ぐわけだ。

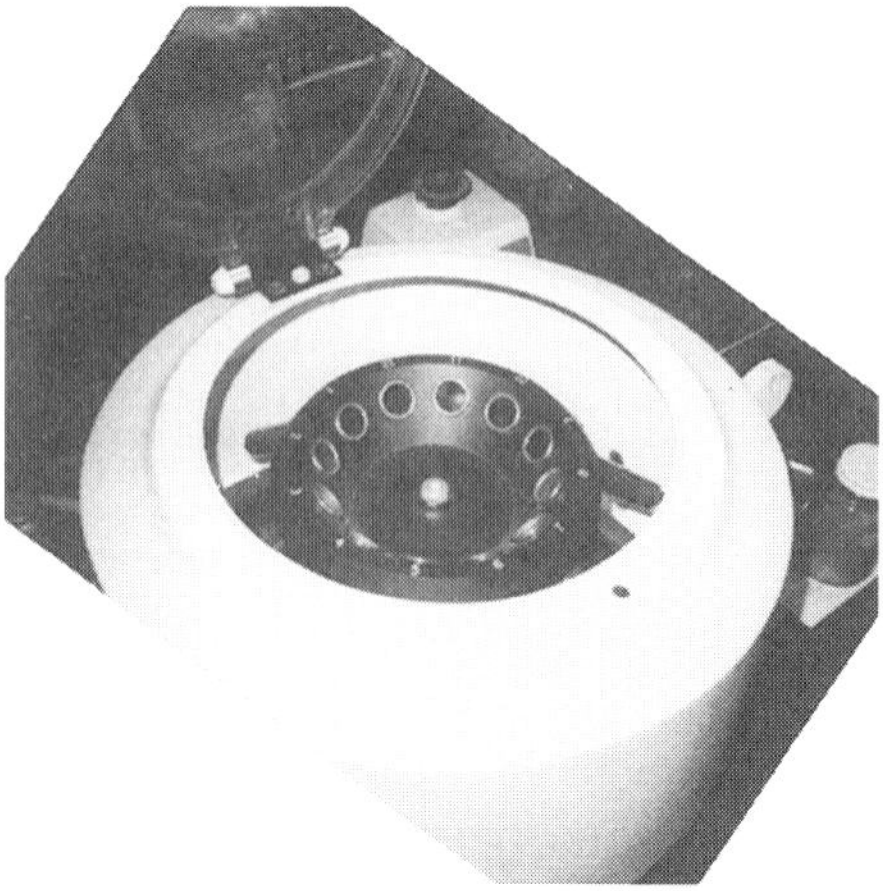
図7D　口腔内白血球を採取するための遠心分離機

こうしてわたしは、手順通り自分の白血球細胞を集めることに成功し、さっそく電極を取りつけて

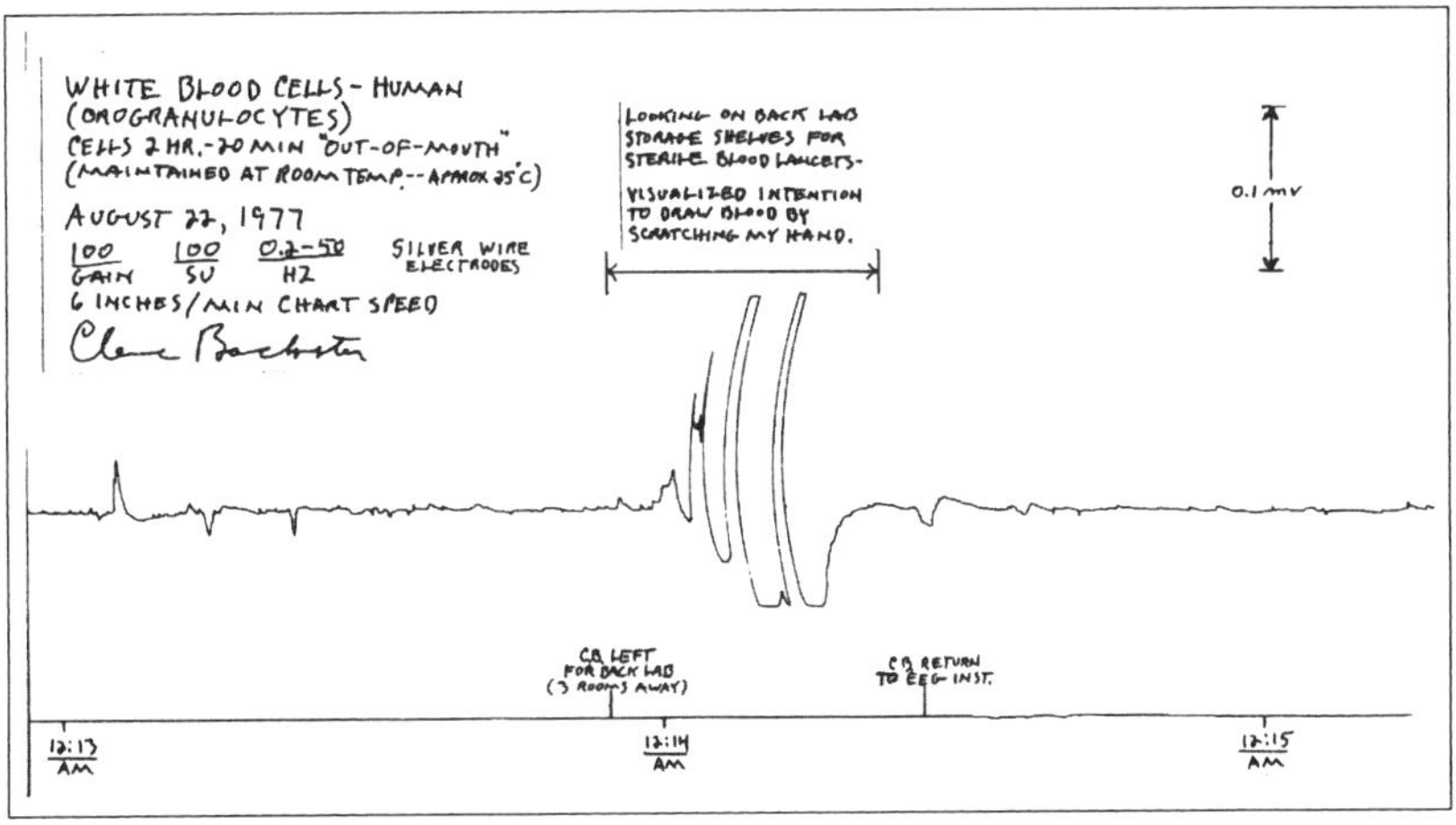

図7E　提供者の意図に反応する口腔内白血球

観察にかかった。面白い反応があったのは、自分の手の甲にちょっと傷をつけて、そこにヨードチンキを塗ってみたらどうだろうか、と不意に思い立ったときのことだった。植物では、間違って自分の手を傷つけて、アルコールやヨードチンキで傷を消毒すると、反応があることが多かった。わたしは、手に傷をつけているところを想像しながら、近くの棚に消毒した外科用メスを探しに行った。それから実験装置のところに戻って記録表を見ると、メスとヨードチンキを探している間にすでに大きな反応を示していた（図7E）。しかしわたしが実際に手にちょっと傷をつけて消毒薬を塗ったときには、何の反応も記録に現れなかった。以前に卵やバクテリアで観察したときもそうだったが（五章、六章参照）、あらかじめ計画していたため、手の甲の細胞は十分に警告を受けとり、防御態勢をとっていたものと考えられる。

写真のパワー

一九八〇年六月三〇日、当時パートタイムで研究室で働いていたスティーヴ・ホワイトに、クリンカマー博士の方法を使って、彼の口中の白血球を採取してもらった。ちょうどそのとき、スティーヴとわたしは『プレイボーイ』誌の記事のことで議論をしていた。記事はその頃話題になっていたウィリアム・ショックレー〔米国の半導体学者。接合トランジスタの発明でノーベル賞受賞〕のインタビューだった。わたしは、階下にある学校の経営パートナー、ボブ・ヘンソンが、事務室の机の中に『プレイボーイ』を置いていたことを思い出したので、さっそく取りに行った。インタビューが掲載されている号を持ってわたしが戻ってくると、スティーヴは細胞をすでに採取し終えて、電極も繋いでいた。

わたしは三脚に載っているビデオカメラをスティーヴの肩ごしに設置した。これは彼の視線がとらえているものを後で確認するためだ。もう一台のビデオカメラは、記録が進行しているところをとらえるように設置した。二台のビデオカメラの映像は、一つのスクリーン上に二分割方式で映し出されるようになっていた。これで、反応があったときにその時間を正確に捉えることができるわけだ。電極を繋いだスティーヴの白血球細胞は、約五メートル離れた位置にある遮蔽檻の中に入っていた。

ショックレーのインタビュー記事を見つけようと、スティーヴが『プレイボーイ』のページをめくっていたときだ。一一二〜一一三ページに見開きで、ボー・デレクの全裸写真が載っていた。「彼女が10《テン》〔最高の美女〕だとは思わないけどなあ」と彼は口にしたものの、試験管内の彼の白血球細胞は、記録表のグラフが上下に振り切るぐらいの反応を示していた（図7F）。

こんな反応が二分間も続いたので、わたしはスティーヴに「雑誌を閉じたらどうだい」と声をかけ

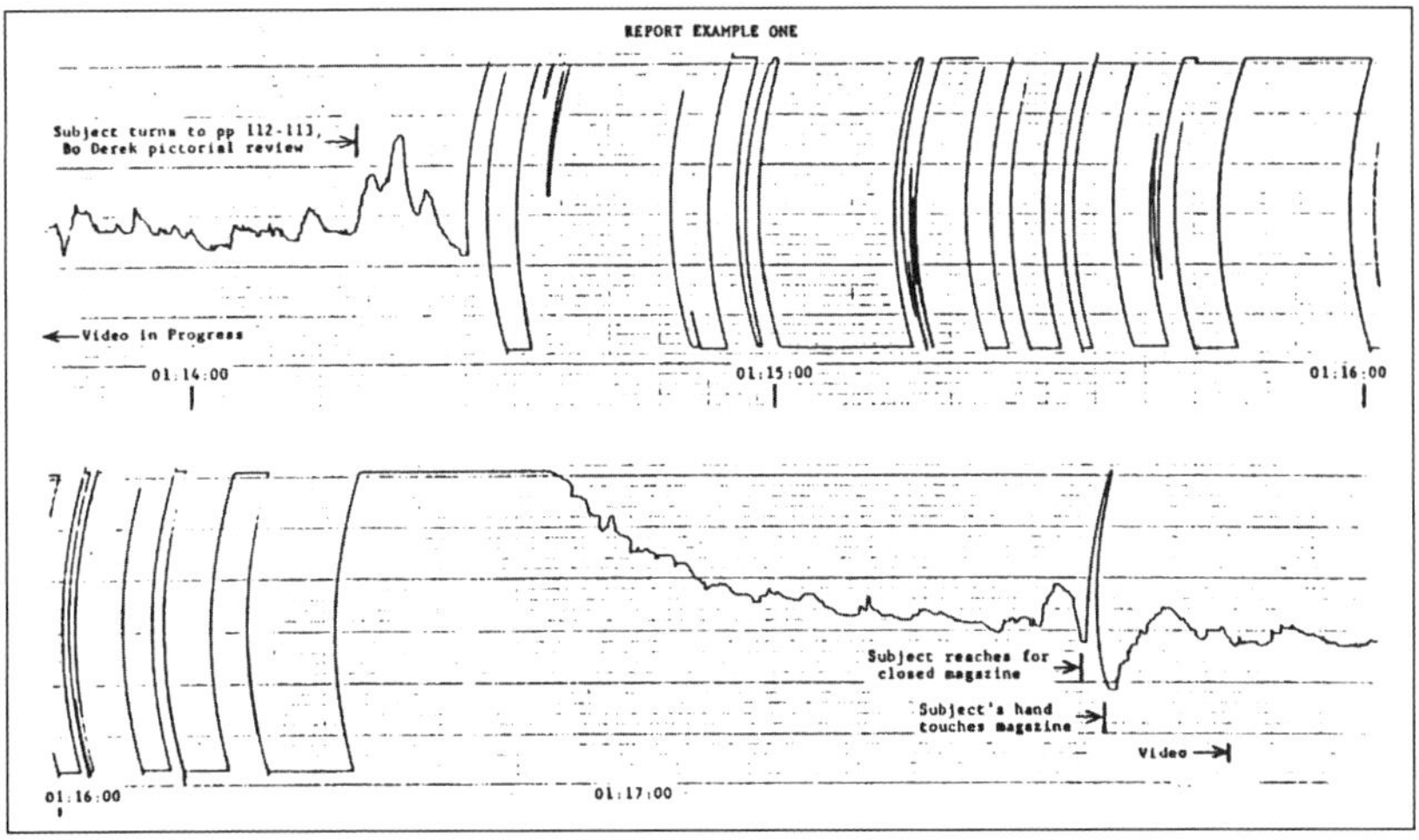

図7F　提供者が受けた視覚刺激に反応する口腔内白血球

た。彼が雑誌を閉じて、頭を切り替えるよう努めると、ようやく電極を取りつけた細胞の反応も静かになった。しかしその一分後、彼がもう一度雑誌を開こうとして手を伸ばしたとたん、細胞は大きく反応した。自分自身の感情と思考をこういう科学的な形で観察したスティーヴは、それ以来わたしの研究に対して懐疑的ではなくなった。彼にとって、このときの体験はまさに啓示的だったわけだ。

以前に述べたが、わたしは試験管内の被験者の細胞は、当人の体内の細胞が傷ついたり死んだりすると反応を示すだろうと推測していた。前段で述べた実験の後半で、スティーヴがトイレに立った。トイレは同じ階の廊下を少し行ったところにある。わたしは彼に知られないように、彼が研究室を出ていったときに表に印をつけておいた。「彼がトイレを使ったときにどんな反応が出るだろう」と考えてのことだ。彼が研究室を留守にしていた間、記録表に大きな反応が現れた（図7G）。スティーヴが戻ってきたとき、わたしは研究室のドアの前でストップウォッチを持って待っていた。そして、もう一度、同じ速度でトイ

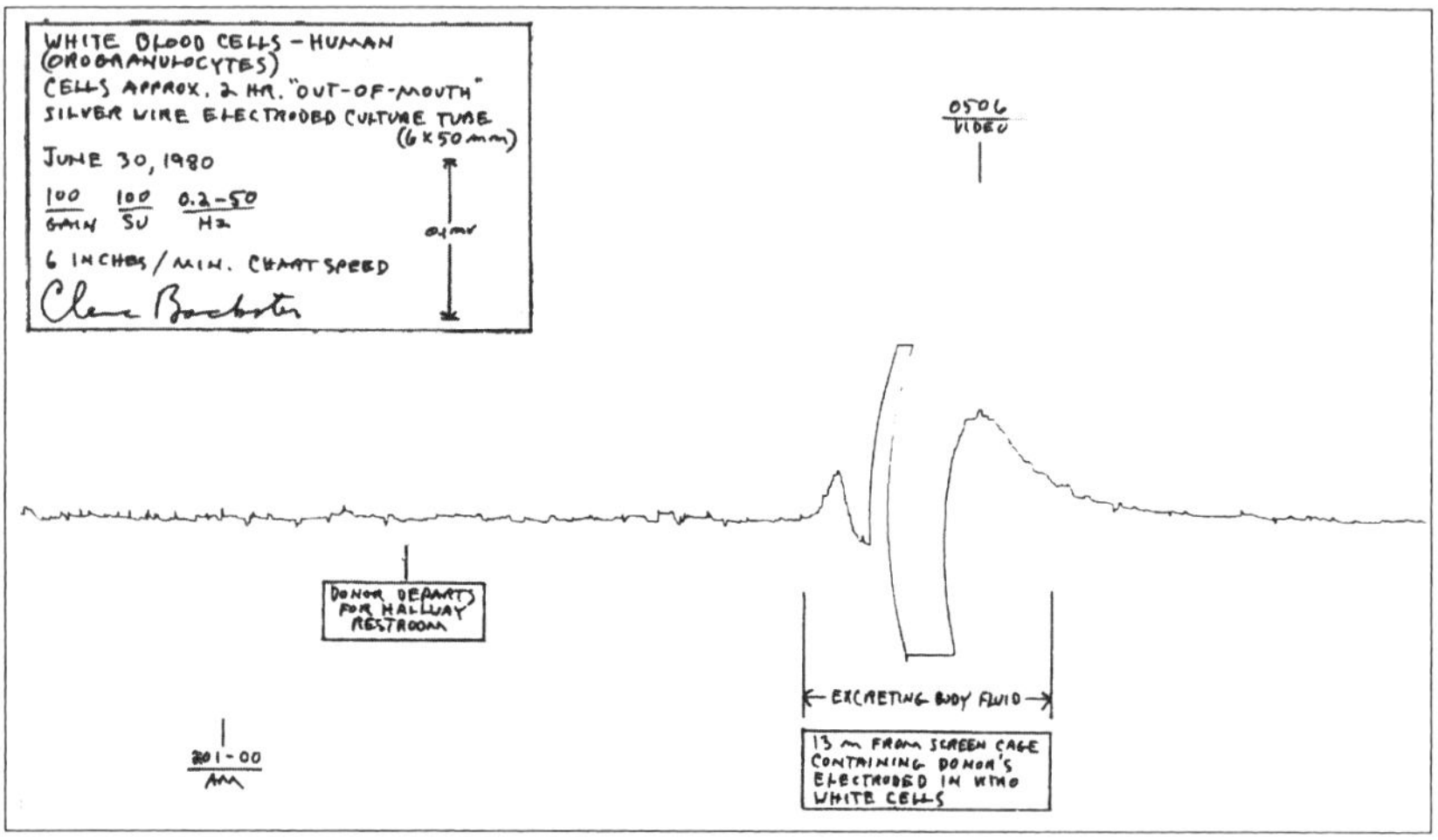

図7G　提供者の細胞の死に反応する口腔内白血球

レに歩いて行って、その時間を計ってほしいと頼んだ。彼はわたしの指示どおり小便器の前まで行ってウォッチを止めた。そしてふたたび戻ってきた彼と一緒に、彼が便器の前に立った時間にあたる記録表の箇所に印をつけた。大きな反応があったのは、その印から一、二秒後のことだった。

ここでもまた、電極に繋がれた彼の細胞は、研究室にあっても、彼の身体から細胞が排泄されて空気と殺菌剤に触れ、その生命が終わったことを感知したものと思われる。

諜報機関による追試

わたしの長年の友人であるジョン・アレグザンダー大佐（当時の米軍諜報・警備司令部、先進人間工学部門の長官）が、同機関の最高長官であるバート・スタブラバイン少将にわたしのサンディエゴ研究室を紹介してくれたのは、一九八三年一月のことだった。その日、少将はジョン・アレグザンダーと、機関の科学顧問であるエドウィン・スピークマン博士を伴って現れた。

わたしは三人に、植物および、試験管内のヒトの細胞におけるバイオコミュニケーションの可能性を実験してみせた。この後、同年三月に同じ機関から数人の見学者があり、七月にはジョン・アレグザンダーと共にワシントンＤＣの本部に赴くことになった。これは彼らが、ヒト細胞に関するわたしの実験を追試したいというので、そのために必要な機器をチェックするためだった。追試は成功し、約二〇キロメートル離れた場所で非常に質の良いバイオコミュニケーションが観察された。また、これほどきちんとした実験ではなかったものの、八〇キロメートル以上離れた場合もバイオコミュニケーションが観察された。

一九八五年のはじめ、研究室に、スティーヴ・ホワイトの他にもうひとり、ジョン・スペラーがボランティアとして加わることになった。ジョンには、これよりずっと以前、ニューヨークに研究室があった頃、最初の論文「植物における原初的知覚の証拠」を書くにあたって、非常に協力してもらったことがあった。またスティーヴとわたしは一九八五年後半、「バイオコミュニケーション能力——人間の提供者と試験管内白血球[*2]」というレポートを仕上げたが、これにもジョンが協力してくれた。『国際生物社会的研究』誌からこのレポートを提出してみないかと打診があった。生ける細胞（生物）を対象にしたわれわれの研究と、ポリグラフの分野でのわたしの経歴（社会的）との繋がりから、論文を発表する場としてこの雑誌はまさにうってつけだと思われた。われわれのレポートは審査を通り、この雑誌の第七号に掲載されることになった。

また、このレポートが雑誌に載るより先に、ワシントンＤＣにある「コスモスクラブ」で講演を行なう機会があり、そのなかで今述べた研究成果を発表した。この名声あるクラブで講演ができたのは、ジョン・スペラーが、退役海軍将校でクラブのメンバーであるマイルズ・P・ドュヴァル大佐と親交があったからだ。ちなみにマイルズ大佐は、パナマ運河についての著作でも有名である。クラブのロビーの壁面はノーベル賞受賞者の写真で飾られ、カール・セーガンの写真がひときわ目を引いていた。講演は公開のものではなく、ワシントンDCに住む科学者や政府関係者ら、選ばれた人たちが対象だった。われわれは講演の一部として、まもなく雑誌に掲載される一二の白血球の試験例について、ビデオテープを見てもらった。コスモスクラブがわれわれの研究のような「最先端」の研究結果を、彼らの誇り高き建物に受け入れる準備があったかどうかは知る由もないが、講演の受けはよかったようだ。

またこれも論文が掲載される前になるが、同一九八五年、分子矯正医学協会に招かれて講演を行なった。わたしのテーマは、「提供者の白血球と提供者間におけるバイオコミュニケーションによる相互作用」である。協会会員の中には、病気の治癒にビタミンや食事が重要な要素であると考えている医者たちも含まれていた。ビタミンCで有名なライナス・ポーリング博士も講演者のひとりだった。ちょうど六〇歳の誕生日を迎えたばかりだったわたしは、講演の中で、自分がナチュラルなビタミンEとCを長年摂取していることに触れた。わたしは自分のバイタリティにちょっとばかり自信があったのだ。ところがポーリング博士から「君と同い歳の息子がいるよ」と聞かされ、こちらのほうがかぶとを脱ぐはめになった。

論文に掲載された事例

この章ですでにお話しした「スティーヴ・ホワイトとプレイボーイ誌と彼の細胞」の観察実験の他に、二つの例をここで紹介したいと思う。二つとも、すでに発表した報告に含めた一二の事例から、提供者と電極を繋いだ細胞の距離を考慮して選んだものだ。またこの一二例のすべてにおいて、口腔からの白血球細胞採取はスティーヴ・ホワイトが行ない、部分的にジョン・スペラーがボランティアとして手伝っている。

図7Hは、研究室から一〇区画離れたところで白血球提供者がテレビを観ている状況である。番組は視覚的刺激を与えるためにあらかじめ選択したものを用いた。具体的にいうと、「ヒルストリート・ブルース」中の一エピソードで、番組の最初の部分は、私服のおとり女性警官が、レイプを企んでいる乱暴な男に車中に捕えられている場面である。この場面は女性提供者の感情を刺激して、その結果は試験管内の白血球のモニターに反映された。実験後のインタビューで、白血球提供者の女性は、自分も一九歳のときに同じような体験をしたことがある、と打ち明けてくれた。そのときのことは今思い出しても感情が非常に高ぶるという話だった。

図7Iの白血球提供者は、一九四一年に真珠湾が攻撃されたとき、海軍の砲手として現地にいた。この実験では、白血球提供者は、自宅でそのとき放映されていた「戦時中の世界」というテレビ番組

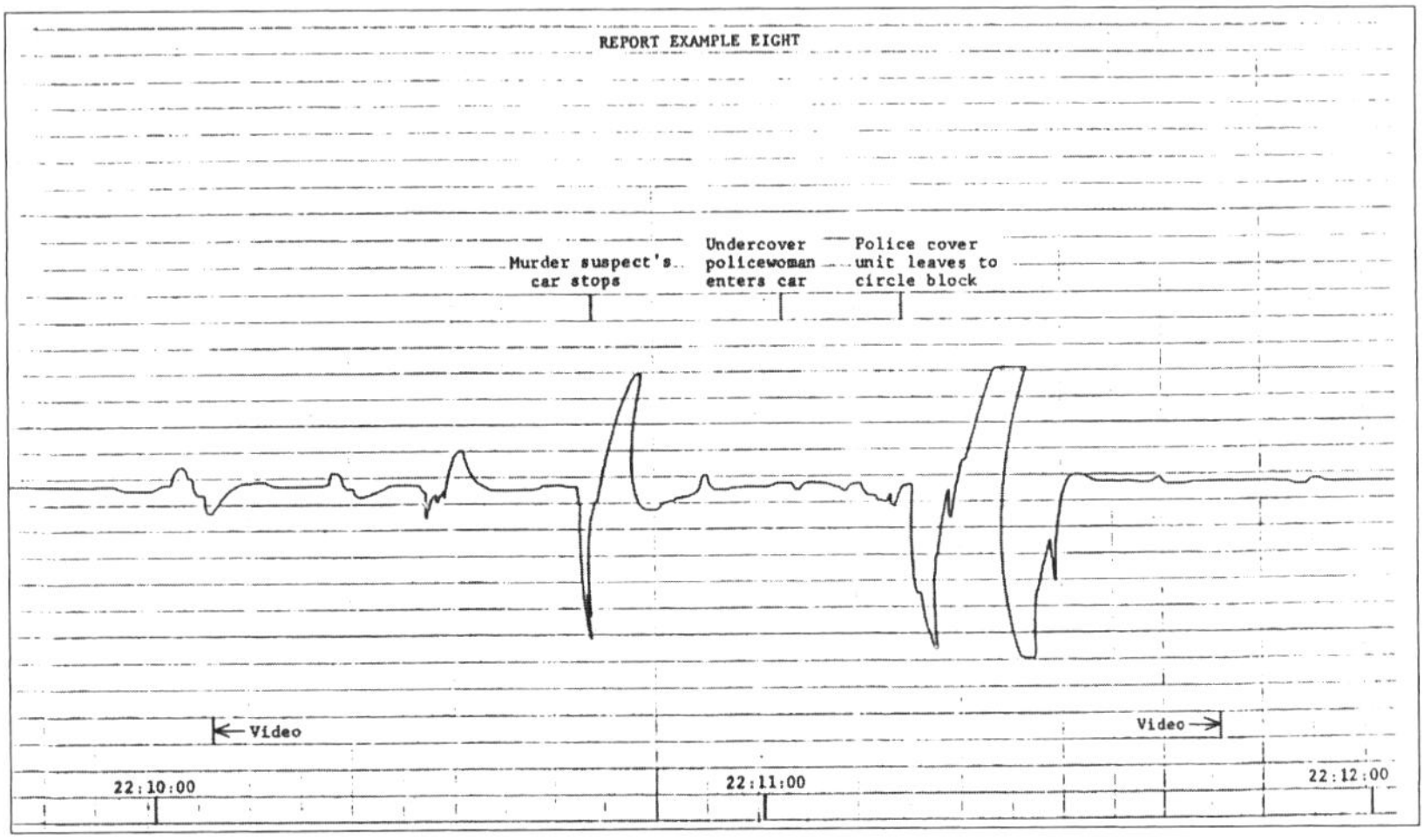

図7H　提供者が私服女性警官の場面を見たときの口腔内白血球の反応

を観ていた。その中で、敵の飛行機を迎え撃っている海軍の砲手の顔のクローズアップがあった。この場面の後で、われわれの研究室にある試験管内の彼の白血球は、敵の飛行機が撃墜されるのに反応した。彼は海軍の対空戦全体を通して、飛行機の撃墜場面すべてに反応したわけではなく、自分の戦争体験を投影したときにだけ反応したのである。このとき、提供者がいたチュラ・ヴィスタとわれわれの研究所とはおよそ二四キロメートル離れていた。

　強烈な感情を含んだイメージは、愛情のこもった優しい交流よりもずっと簡単に見分けることができる。一二例中、自分の命にかかわる状況であると認識された刺激に対する反応が六件あったが、六つのうちの二つの事例が性的な場面を含み、二つが家族内の感情的な場面、二つが激怒の場面を含んだものだった。

　白血球細胞と提供者の距離に関して言えば、白血球の提供者が研究室にいたままで行なわれた例が八つあった。彼らは、電極を取りつけた細胞から約五メートル離れたところにいて、わ

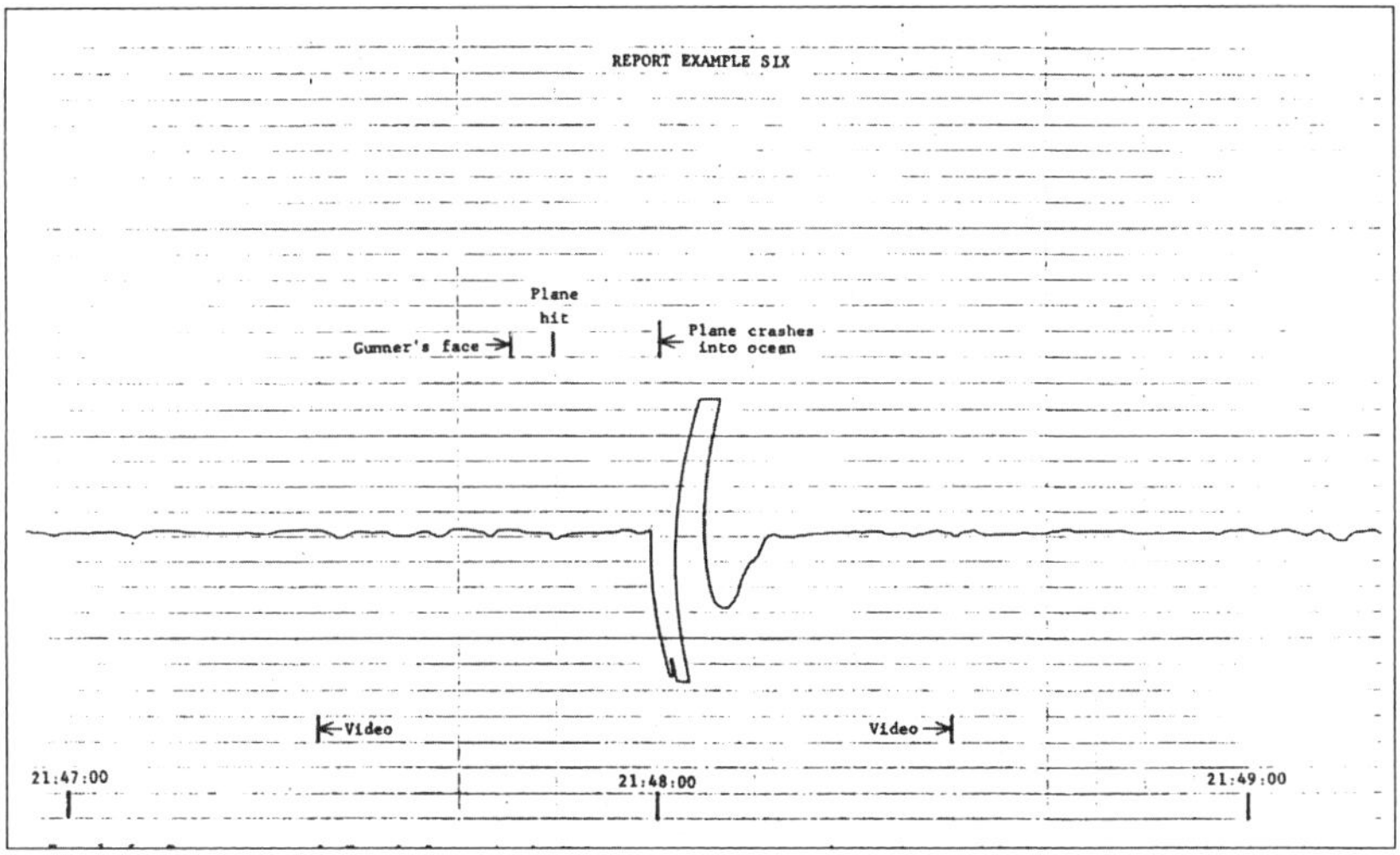

図71　提供者が戦争の場面を観たときの口腔内白血球の反応

れわれは研究室の中で研究の話をしていた。また三つの実験は、提供者は一〇区画離れた場所でテレビを観ていた。残りの一つの実験では、提供者は約二四キロ離れたところにいた。どんなに提供者が離れていても、電極に繋がれた細胞は、テレビ番組を観ている提供者の反応をはっきりと示しているようだった。なお、活字として発表したレポート中の一二の事例はすべて、七回のセッションにおいて、それぞれ異なる提供者七人から採取した白血球をモニターした記録からとったものである。明白な観察記録はいずれも、セッション中に自然に起こった出来事から生まれている。

ヒトの細胞を用いた研究を続ける

一九八五年に実験結果を発表してから今日まで、われわれは関心を持つ研究者向けに、試験管内のヒトの細胞にバイオコミュニケーション能力が存在することを定期的に示すために、ずっと白血球細胞の実験を続けてきた。

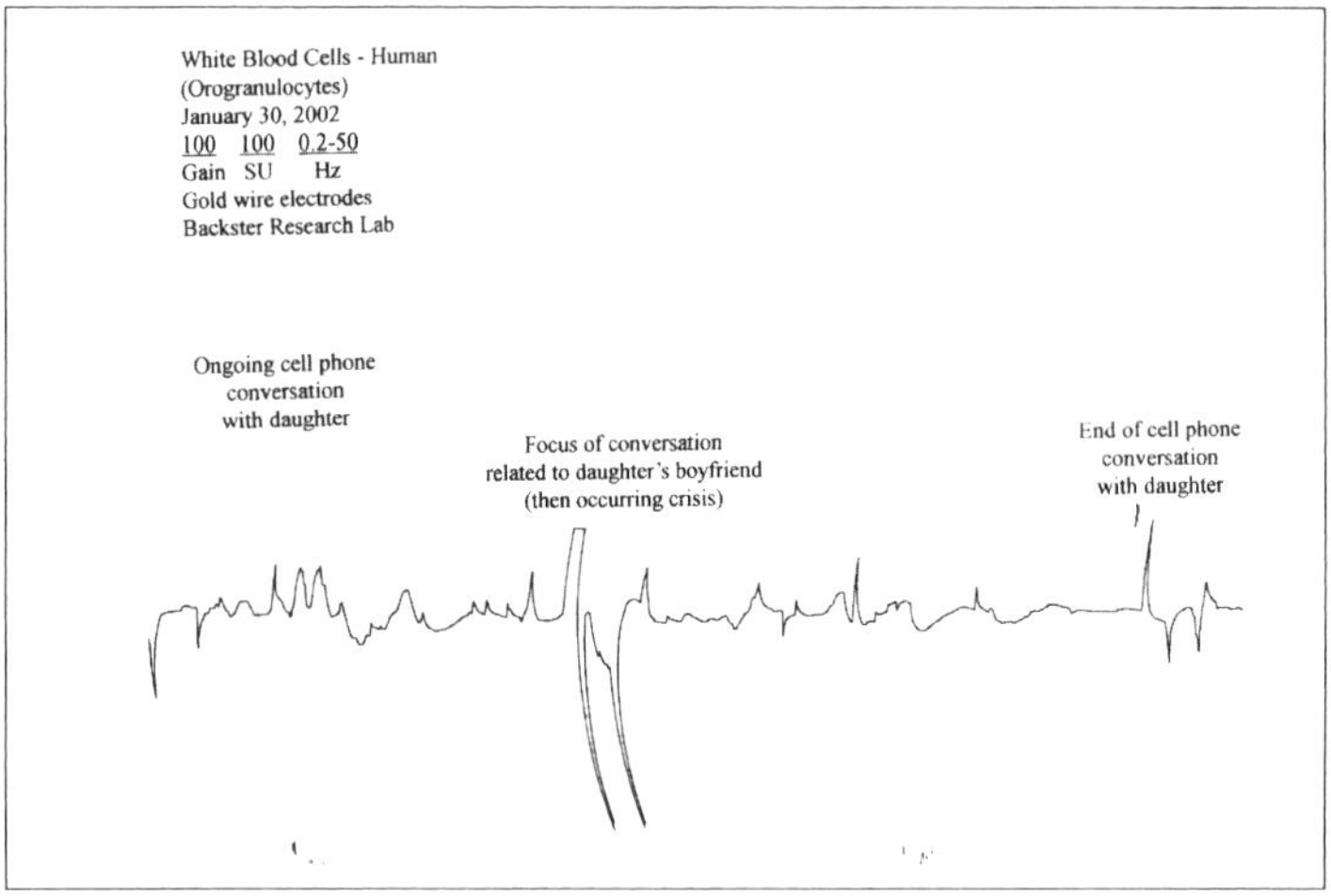

図7J　提供者が電話で会話しているときの口腔内白血球の反応

この章には、この間われわれが行なったヒト細胞の実験記録の全体を収めたいと考え、最近の二つの記録も含めることにした。図7Jと7Kの細胞提供者は、われわれの研究がアラバマ－バーミンガム大学およびハートマス研究所と共同研究をするに至った過程で重要な役割をしてくれた人物である。この共同研究の詳細な報告は、第八章の最後の部分で述べたいと思う〔一七八ページ以降参照〕。

この研究指導官〔女性〕には、東海岸の大学に通っている娘がいた。ちょうどわれわれが実験を行なっている最中に、その大学生のお嬢さんから電話がかかってきた。電話は恋人との関係の危機を訴えるものだった。図7Jでは、会話が進行している最中から記録が始まっている。

電話が鳴る前の記録は平坦で、彼女の平素の穏やかな態度を反映している。ところが電話がかかってきた後、娘さんと恋人との仲が危険な状態であるこ

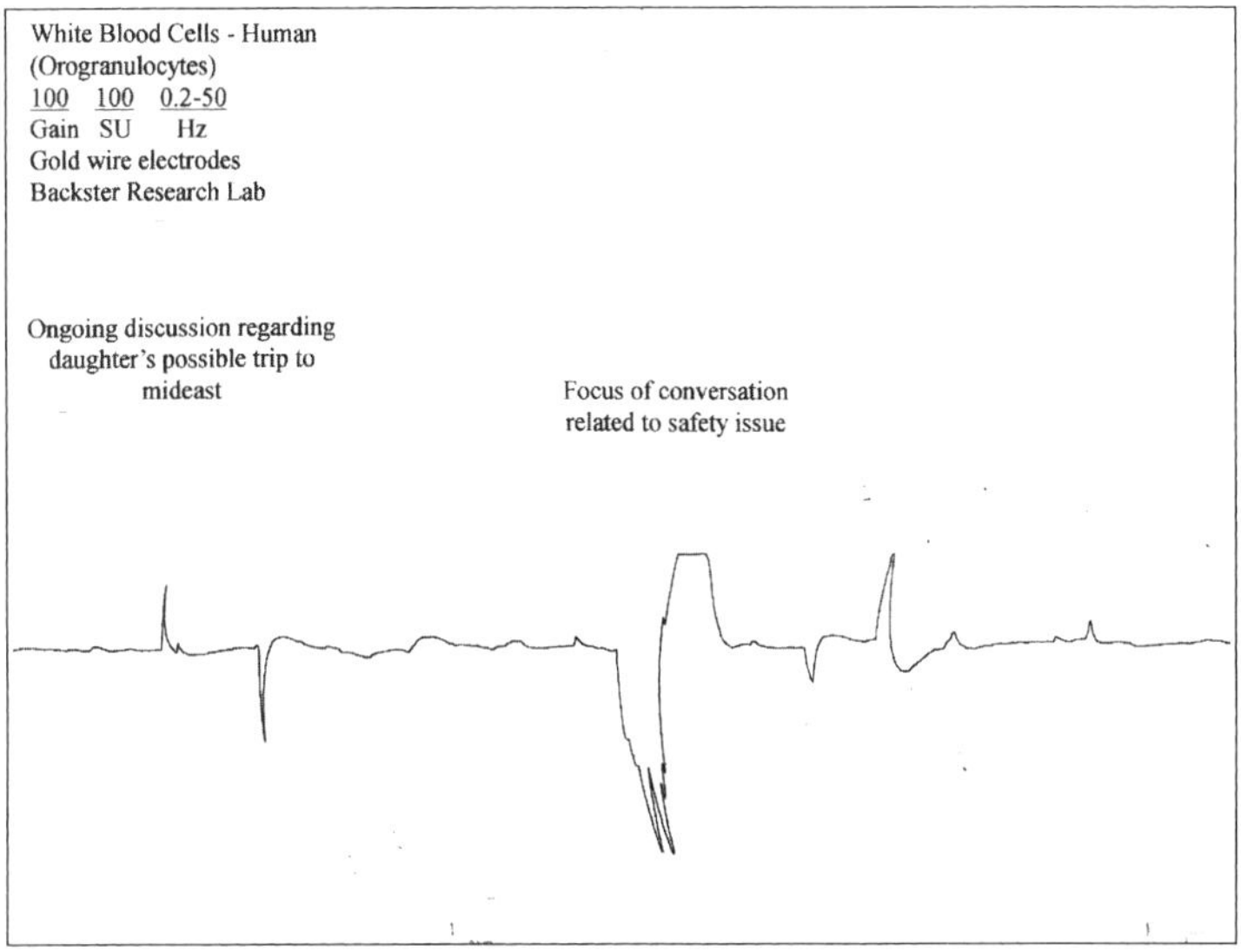

図7K　研究所で会話している提供者に反応する口腔内白血球

とが話題になると、顕著な反応が現れた。これは、人が電話で会話している場合によく見られる典型的な現象で、状況の自然発生性がその理由である。

図7Kは、このときの母と娘の会話の最後の部分である。このグラフの記録中、われわれ研究グループ内の訓練を積んだ「煽り屋」が母親にちょっと横槍を入れたせいもあって、電話での会話はもっぱら、娘さんがイスラエル人の恋人といっしょにイタリアに行ってしまう懸念を中心に進んでいった。

図7Lと7Mでは、細胞の反応研究を、白血球だけでなく、白血球を含んだ血液そのものを対象にしたものに変えた。血液を提供してくれたのは、アラバマ大学の共同研究者グループの研究助手だ。五ミリリットルの試験管に入れた血液の中に、金の電極線を挿入し

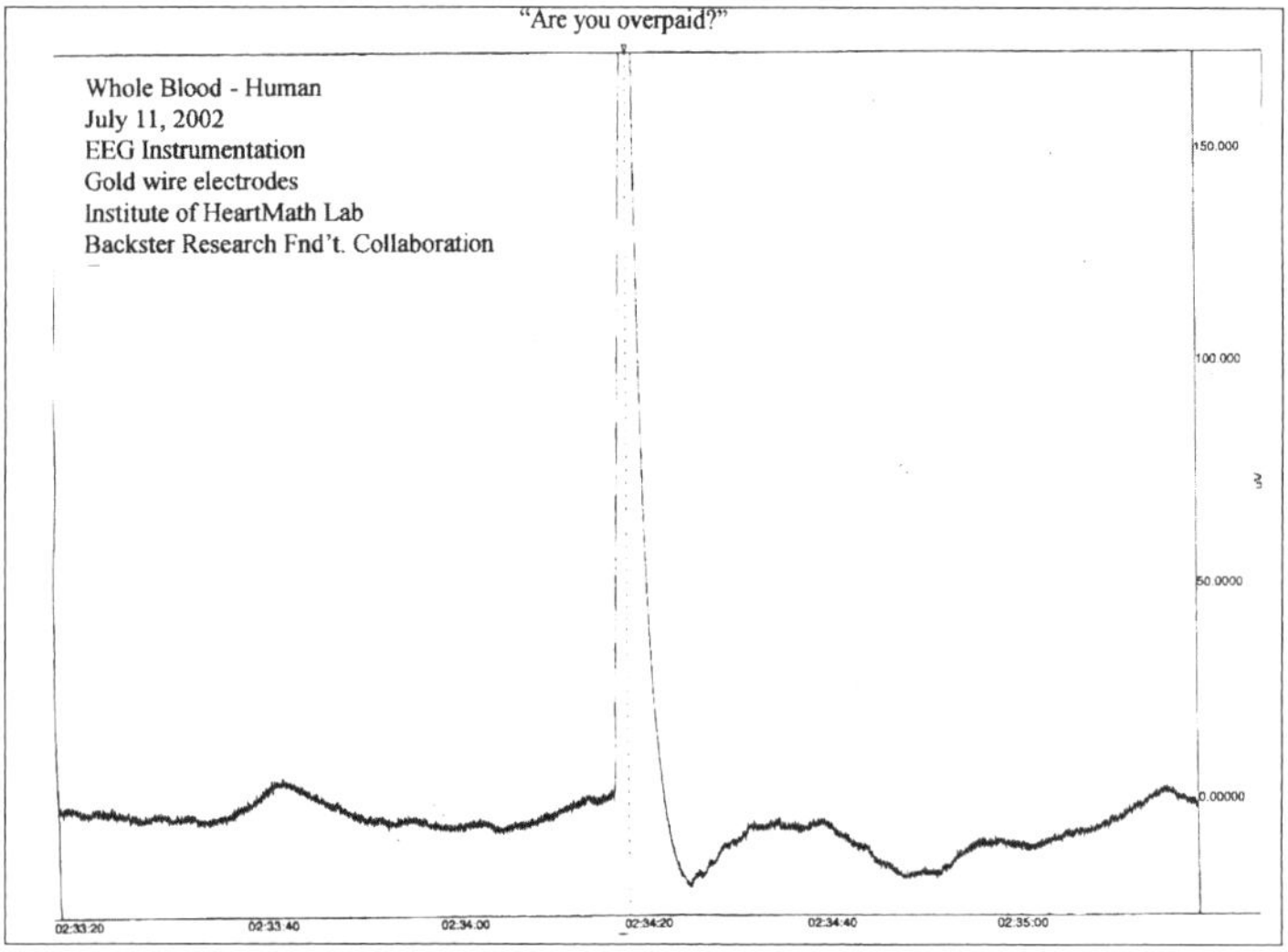

図7L　研究所で会話している提供者に反応する血液

た。二つのグラフはともに、ハートマス研究所で行なわれた共同実験のもので、詳細については第八章の終わりで述べたいと思う。

図7Lでは、提供者は実験に先立つ会話の中で、「過去にビジネスで失敗したため、現在、いくぶん経済的なプレッシャーの下で生活している」と語っていた。わたしはこれを聞いて、この人はそのプレッシャーにきちんと取り組んでいないだろうなと感じたのと、さらにプロの「煽り屋」としての経験から、こう質問した。「給料をもらいすぎているんですか?」この質問の結果現れた大きな反応に注目してほしい。

またこの人はアラバマ大学の研究助手として、研究費申請書の作成にも関わっており、これは非常に時間のかかる作業だった。研究指導官が彼に、「大学に戻ったら研究費申請書を一〇件作成しなければならないのよ」と、大量の仕事

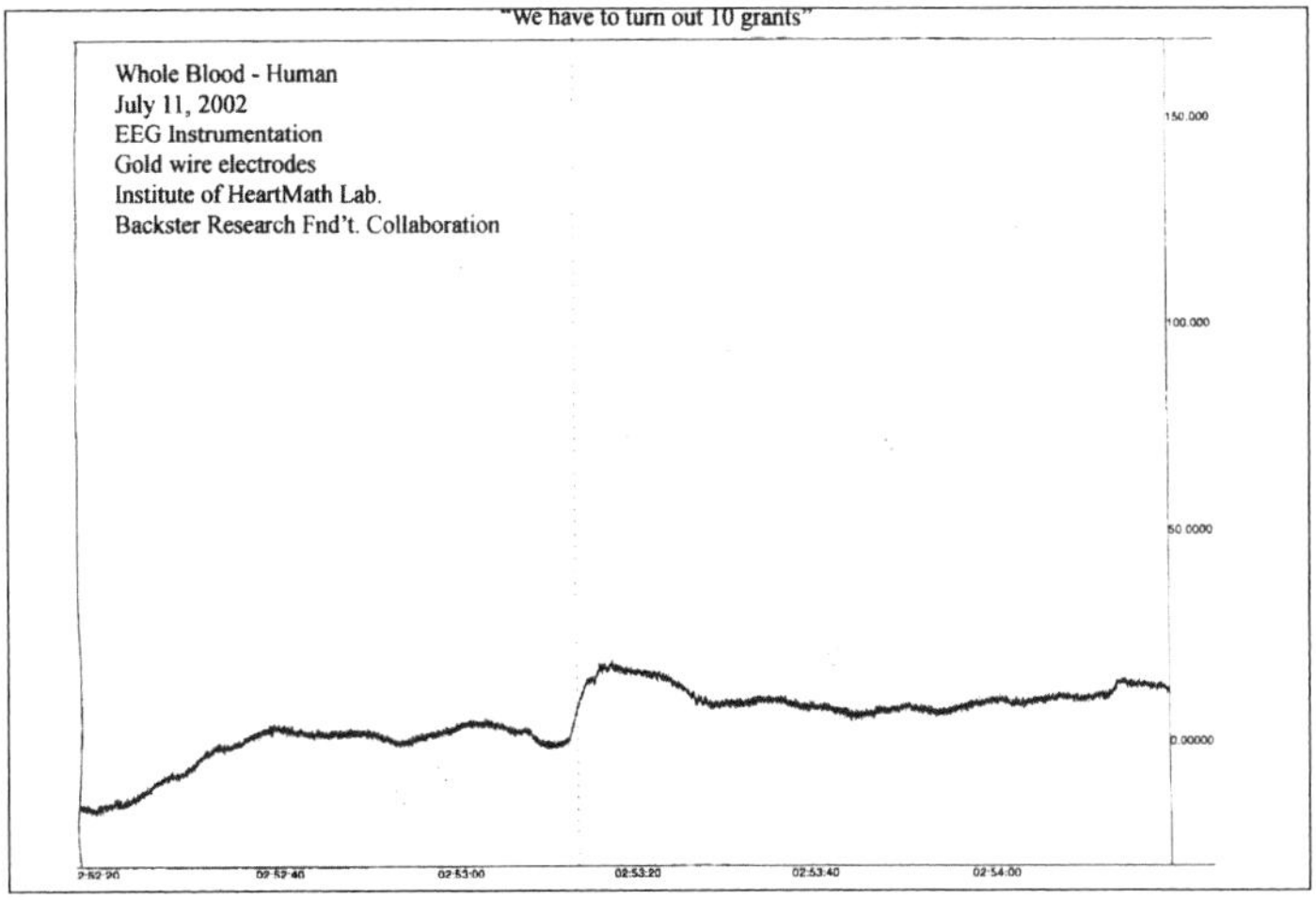

図7M　研究所で会話している提供者に反応する血液（続き）

が待っていることを告げたときの血液の反応が図7Mに現れている。

ところで、他の人がわたしの実験を追試して同じ結果を得たことがあるかどうか、よく人から訊かれる。ヒトの白血球の研究の追試については、この章ですでに述べた。当時、米軍の諜報・警備司令部に勤務していたジョン・アレグザンダー大佐は、わたしのヒト細胞実験の追試に成功している。またハートマス研究所のローリン・マクラティが率いる研究チームは、バイオコミュニケーションの事例を数多く観察している。より最近の白血球と血液そのもののバイオコミュニケーションの追試については第八章で、現在進行中の研究として述べる。

――原　註

1. "ESP: More Science, Less Mysticism," *Medical Wolrd News*, March 21, 1969.

2. Cleve Backster and Stephen White, "Biocommunications Capability: Human Donors and *In Vitro* Leukocytes," Backster Research Foundation, Inc., 1985. *International Journal of Biosocial Research*, Vol.7, p.132-146 に掲載された。

第八章　バイオコミュニケーション研究と科学界の姿勢

新しい科学的真理が勝利を収めるのは、反対者を説得して彼らを啓蒙することによってではない。勝利は、反対者がやがて死んでいき、新しい科学的真実に慣れ親しんだ世代が成長していくことによってもたらされるのだ。

――マックス・プランク

わたしはこれまで広くアメリカ国内をまわり、バイオコミュニケーションの事実を示す観察結果の記録について、科学界を相手に説明したり展示を行なってきた。つまり、わたしと同じような研究者たち――権威ある科学者集団をも含めて――の前で発表しつづけてきたということだ。一九六八年に「植物における原初的知覚の証拠」を発表してからは、科学界だけでなく一般の人々を対象とした講演も行なうようになり、世界一八カ国への講演旅行も行なった。

パラダイム・シフトの必要性

しかしこうしたアプローチでは、研究という意味で、他の人たちの実験手順を適切かつ配慮の行き届いたものにしたり、従来のやり方を変えるきっかけを作ることはできなかったようだ。何かまったく違ったことをして、これまでの科学的思考に革命を起こさなければ、これから先も科学界を納得させることはできないだろう。[*1] 科学界に対して批判的な社会学者や歴史家のコメントから判断すると、わたしが直面している科学的怠惰というものは、けっして珍しい例ではないようだ。

わたしが言いたいのは、意識研究においては、無意識のうちに自分の意図を伝達してしまうかもしれず、そのことによって実験結果が変化してしまう可能性があるということだ。従来の計画的な科学実験は、意図的に偶発性を排してきた。しかしわたしの実験では、この偶発性こそが重要な要素で、これなしには、原初的知覚の存在を示す証拠も現れず、結果としてのバイオコミュニケーションが現れることもない。

わたしの実験の追試に成功したと主張する人はたくさんいるが、そのほとんどの例は、バイオコミュニケーションが自然に行なわれている様子を目撃できたということだと思う。それはそれで素晴らしい。正しい方向への第一歩である。しかし残念なことに、それだけでは科学が追試に要求する条件を満たしていないために、確実な経験記録として蓄積することができない。現在、科学的実験法として要求されている条件は、まことに残念だが、原初的知覚とバイオコミュニケーション現象を真に理解することを阻《はば》んでいるとしか思われないのである。

さまざまな反響

第四章では、原初的知覚とバイオコミュニケーション研究に対して、科学界と一般社会が最初どのように反応したかについて述べたが、そのほとんどは植物の研究に限られたものだった。実際のところ、この初期の研究はその後、卵やバクテリア、動物、そしてついには人間の提供者から採取された細胞へと進み、結果として、これらにも同じような伝達能力が存在する可能性があることを示すことになった。

ここでは、第四章で述べた事柄に続く一六年間に起きた一連の出来事を通して、とりわけ科学界の主流からどのような反応があったかを補足しておきたい。

ジョン・アレグザンダー大佐と米国学術研究会議

一九八六年、珍しいグループがわたしの研究室を訪れた。第七章で簡単に紹介したジョン・アレグザンダー大佐と繋がりのある面々で、「人間行動向上のための技術に関する委員会 Committee on Techniques for the Enhancement of Human Performance」に属する人たちである。この委員会は、米国科学アカデミーの指導下にある米国学術研究会議（The National Research Council）によって作られた一四人の委員から成っており、大部分がわたしの研究に懐疑的だった。彼らが訪問したとき、ある非常に奇妙なことが起こった。われわれが実験室でアレグザンダー大佐から採取した白血球の記録を観察している間、大佐と見学者たちは当時同じ階の別の場所にあったバクスター嘘探知検査官養成学校の教室で、バイオコミュニケーション関連のスライドを見ていた。そしてスライドが終わり、アレグザンダー大佐が皆の前で話をするために立ち上がったとき、およそ五〇メートル離れていた実験室にある彼の細胞は、それまでの静かな状態から突然、劇的な反応を示したのである。これはどう考えても、懐疑的な人たちの前で話しはじめることによる一時的なストレスのためだと思われた。

このあと、訪問グループとわれわれは記録に現れたことについて話しあった。しかし残念ながら、彼らは観察された現象を、建物のエレベーターのせいだろうと主張して、アレグザンダー大佐によるものである可能性を認めようとしなかった。そこでわたしは翌日、エレベーターという可能性を吟味するために、前日のグループが訪問したのと同じ時間に一時間の記録を取り、エレベーターとの関連を調べたが、表には何の反応も現れなかった。訪問した委員会グループにその記録を送ったが、何の返事も返ってはこなかった。彼らは、目の前で自然に起きた出来事に対する評価を、観察する前からすでに下していたのだ。

後にジョン・アレグザンダー大佐は、この件についての記事を『ニュー・リアリティーズ』誌の一九八九年三・四月号に書いた。[*2] それは、「人間の行動を向上させる」ことに関する米国学術研究会議の最終報告に反論する内容だった。その後も、彼の記事に対する批判に反駁してアレグザンダー大佐は次のように書いている。「[研究チーム]は、[さまざまな科学者たち]の仕事を無視しつづけている。厳密な実験条件下で、サイ(psi 超常現象)が存在するという統計学上有意な結果が繰り返し示されているというのにである。いつになったらわれわれは、〝証拠がない〟というハードルを越えるに十分なデータを持つことができるというのか。データはすでに十分にあり、実験方法はとっくの昔に、〝素朴〟な状態を抜け出ているのだ。新しい技術を使った実験が、神聖なる科学の館において公平な裁きを受けることがかくも難しい現実を見るにつけ、感じるのは悲歎と苛立ちのみである。これは、超心理学の分野に限ったことではなく、すべての分野に見られる悪弊である。その根底にあるのは、未知のものに対する恐怖であろう。科学者には相応しくない特性だと思われるのだが」

ミズーリ大学再訪

一九八七年三月、第四章で詳しく述べたチャールズ・グレインジャー博士の支援から一〇年後、わたしは同博士の招きで、年に一度開催される「ミズーリ州・科学と工学と人間についてのシンポジウム」に参加した。これはミズーリ全州から、科学部門での受賞歴を持つ優秀な高校生が集まるもので、米国陸軍研究所とミズーリ大学がスポンサーになっていた。わたしはこの三日間のシンポジウムを締めくくる最後の講演を依頼された。演題は「細胞におけるバイオコミュニケーション」。わたしの話は、まだ柔軟で好奇心に満ちた学生たちの興味をかきたて、素直に受け入れられたようだ。

宇宙飛行士の内的宇宙探検

ブライアン・オリアリー[*3]はカリフォルニア大学バークリー校で天文学の博士号を取得、その後、コーネル大学、カリフォルニア工科大学、カリフォルニア大学、プリンストン大学で教壇に立ち、NASAのアポロ計画では科学者-宇宙飛行士としての訓練を受けている。

一九八八年八月、ブライアンは元彼女と一緒にわたしの研究所を訪ねてきてくれた。わたしたちはすぐに親しくなった。実験してみようということになり、わたしの研究助手のスティーヴ・ホワイトが、ブライアンの口腔から第七章で述べたやり方で白血球を採取した。実験の結果、ブライアンと元彼女の会話が、見事な白血球の反応記録となって現れた。ブライアンは、彼と電極を取りつけられた試験管内の白血球細胞との間で、近距離のバイオコミュニケーションが行なわれたことを、自分の目で直に見ることができたのである。

ブライアンは、遠距離におけるバイオコミュニケーションについても快く協力してくれた。その結果、彼が研究室を出てサンディエゴ空港に向かい、そこから飛行機に乗って約五〇〇キロメートル離れたアリゾナのフェニックスに到着するまでの間、さらに素晴らしい観察結果が得られたのである。もちろん、彼の白血球はわたしの研究室で電極に繋がれたままだった。それまでの研究から、試験管内の白血球は、ときによって一〇時間から一二時間も生存しつづけることが確認されていた。

この実験に際しては、少しでも「不安」を感じた出来事があれば、それについて正確に書きとめておく、という取り決めをブライアンと交わしていた。彼が書きとめた出来事には、空港にレンタカーを返しに行くときに高速道路から出る道を間違えたこと、チケット・カウンターに長い行列ができていて危うく飛行機に乗り遅れそうになったこと、飛行機の離陸と着陸、またフェニックス空港で息子が約束の時間に来ていなかったことなどがあった。その後、これらの出来事を細胞反応を記録した表と時間を追って付き合わせた結果、細胞の反応と、彼が感じた不安とがほとんどすべて一致することが判明した。細胞の記録は、彼が家にたどり着いて就寝すると非常に静かになった。ブライアンは、わたしの研究室を訪問したときのことや、この実験全体についての彼の体験を、『内宇宙・外宇宙への旅 *Exploring Inner and Outer Space*』（邦訳、廣済堂出版）という著書に記している。

この最初の出会い以来、ブライアンはわたしの良き友人となり、何度も研究室を訪ねて来てくれた。コロラドの「ニューサイエンスに関する国際フォーラム」がスポンサーをするさまざまな催しでわたしが基調演説をする機会に恵まれたのも、彼の計らいがあったからこそである。

『あなたの細胞の神秘な力』

初期のバイオコミュニケーション研究については、ピーター・トンプキンズとクリストファー・バードの『植物の神秘生活』[*4]をはじめとして、多くの人が著書で取り上げてくれたが、これまで自分で本を書くということはしてこなかった。わたしの考えはこうだった。すなわち、自分の名前を堂々と出して書いたなら科学界からの批判は免れないだろうが、研究所の外部の人がわたしの研究について書くという形ならば、まだ推論段階の資料を世間に提示できるのではないか、と。わたしの仕事について深い理解を示してくれた故ロバート・B・ストーン博士と知り合ったのは、ホセ・シルバが開発した「シルバ・メソッド」(一種の自己啓発的瞑想テクニック)を学んでいる人々を対象とした講演会で、二人とも講演者として招かれていた。一九七〇年代から八〇年代にかけて、わたしはさまざまな国で開かれたシルバ・メソッドの団体の、特に国際学会に参加するため、世界各地を飛びまわったものだ。そのころストーン博士はすでに、自著、共著を合わせて数多くの本を書いていた。その彼が、『あなたの細胞の神秘な力』[*5](邦訳、祥伝社)を書くにあたって、わたしと協力しあうことを約束してくれた。本の刊行は一九八九年だった。わたしは材料を提供し、最終ゲラにも丁寧に目を通した。その本ではわたしの植物研究については簡単に触れているだけだが、試験管内のヒト細胞の実験についてはかなり詳しく説明している。現在米国ではこの本は第二刷にとどまっているが、日本では第六刷だと聞いている。

フェッツァー財団から研究費を得る

試験管内のヒト細胞に関するわたしの研究がミシガン州カラマズーにあるジョン・E・フェッツァー財団の目にとまったのは、一九八九年後半のことだった。この財団は当時、財団の存在意義を次のように宣言していた。「この財団は、ホリスティック・ヘルスにおける革新的研究を見つけ、支援する。つまり、治癒過程において、身体、精神、霊性という人間全体を扱うことが重要であることを理解しているプロジェクトを探し出すものである」。財団が主催している「パイオニア賞」プログラムに応募するよう求められたわたしは、人間の感情が試験管内の当人の白血球に影響することを観察した研究について申請書を認《したた》め、提出した。

翌一九九〇年二月、申請書は受理され、研究助成金をいただけることになった。額は小さかったが、わたしの士気は大いに高められた。というのも財団から次のような通知を受け取ったからだ。「我々は喜んで貴プロジェクトに協力いたしたく存じます。貴プロジェクトは、われわれの支援するさまざまな研究団体で行なわれている、健康・研究・教育プログラムの精神に合致し、また関連する活動でありますがゆえに」

しかし残念ながら、一九九一年にジョン・F・フェッツァー氏が故人となってからは、助成金は研究施設や大学等の大きな組織に与えられる傾向が強くなり、個人や特殊なプロジェクトに与えられるケースは少なくなっているようだ。

ドロシー・リタラックの研究

一九九三年、第四章で紹介したドロシー・リタラックが、二冊目の著書となる『音楽が人と植物に与える影響 *How Music Affects You and Your Plants, Too*』の原稿を書き終えた。最初の本『音楽と植物』の刊行から二〇年が経っていた。出版社からわたしのもとへ原稿が送られてきて、序文を書くよう依頼された。彼女が最初の本を書いてから二〇年の間、ずっと友情を分かちあってきた者として、彼女の新作に目を通すことはとてもうれしかった。彼女はまえがきでこう述べている。「一九七三年に『音楽と植物』を著して以来、数多くの講演や集会で話をしてきました。その数はこれまでに二五七回にのぼります」。わたし自身、自分の研究に対する攻撃に長い間耐えてきた経験を通して、いかにドロシーがこの二〇年間圧力に負けずに努力を続けてきたかを切実に感じ、感無量だった。同年一一月、彼女と電話で話していたわたしは、彼女が病をわずらっていることを知った。そのときのドロシーの話では、アラスカ州アンカレッジに短期間行くことになっているが翌月にはコロラドに戻る予定とのことだった。しかし一九九四年二月、アラスカにいる彼女から、化学療法のために頭髪が抜け落ち、体力もなくなったという手紙を受け取った。その年の後半、わたしはドロシー・リタラックが亡くなったことを知った。

ハートマス研究所を訪問する

一九九三年九月、カリフォルニア州のボールダー・クリークにあるハートマス研究所[*6]を訪問した。このとき、それまでわたしがさまざまな生命体に電極を取りつけてモニターする原初的知覚の実験を続けてきた背景から、人間の神経細胞やＤＮＡなどの細胞を対象とした実験に間接的に参加することを打診された。それまで何度か電話でのやりとりはあったものの、実際にこの研究所に足を踏み入れるのはこれが初めてだった。有名なカリフォルニアのセコイアの巨木に囲まれた気持ちのよい研究所で、わたしは、一心に研究に打ち込む魅力的な研究者たちと出会うことができた。なかでもとりわけ親しくなったのは、ハートマス研究所の創立者であるドク・ルー・チルダーやハートマス・リサーチセンターの科学研究部門の部長であるローリン・マクラティ、研究実験室の責任者を務めるマイク・アトキンソンである。もちろん、研究所の周りにそびえる高さ八〇メートルにも達するセコイアにわたしが心を奪われたのは当然で、どうやって電極を取りつけたらいいか、今でもアイディアを練っている。

バクスター研究財団とハートマス研究所は、ともに非営利組織で、話しあううちに、双方が余分な機器類を持っていることがわかり、貸したり譲ったりする関係になった。一九九三年の後半、わたしはハートマス研究所の科学顧問委員会の一員に指名され、九四年七月には三日間のセミナーにゲストとして招待された。セミナー後、科学顧問委員会の最初の会合が開かれた。顧問委員の任期は一年で、研究所の規則に従って毎年一度、研究所各部門の責任者からなる委員会で評価される。科学顧問委員会にはジョー・カミヤ博士、ドナルド・シンガー医学博士、カール・H・プリブラム医学博士、ウィリアム・A・ティラー博士など、著名な研究者が揃っていた。

わたしはその後も毎年顧問委員として指名を受けているが、これはわたしの研究が物議をかもす性質のものであることを考えると、大変名誉なことと言わなければならない。わたしは現在も顧問委員を続けており、毎年開かれる二日間の顧問委員会には必ず出席している。この他、特別共同研究を含めて何度か研究所に足を運んだことがあり、ハートマス研究所の実験室で行なわれた、ヒトの細胞を使ったわたしの研究の追試を見せてもらったこともある。この研究所との将来の共同研究については、この章の最後で述べたいと思う。

ソヴィエトの研究者たち

第四章で述べたように、一九七二年、わたしはわずかなニュース記事から、ソヴィエトで植物のバイオコミュニケーション研究が行なわれていることを知った。クリストファー・バードが、V・N・プーシキンの書いた一般向けの記事「花よ、思い出せ!」をロシア語から英訳するまでは、彼らがわたしの植物実験の追試に成功したと発表した事実さえ知らなかった。そして、わたしの最初の実験からじつに二〇年以上を経た一九九五年になってようやく、一九八二年に出版されたロシア語の教本『超心理と現代自然科学』[*7]の英訳によって、彼らの研究を詳しく知ることになったのだった。プーシキン、フェティソフ、アンギュシェフらによる植物研究の詳細は、「人間・植物間のコミュニケーション」という題でこの教本に収められている。

ところで大変驚いたことに、教本を英訳した一人であるアレグザンダー・P・デュブロフ（植物学博士、植物生理学博士）は、カリフォルニア州エンシニタスにあるカリフォルニア人間科学大学院大学[*8]（CIHS）の客員教授だった。一九九五年七月、CIHSで講演を行なったデュブロフ博士は、われわれの研究室にぜひ立ち寄りたいと希望し、サンディエゴを訪れた。このときの訪問を準備・手配したのは、当時CIHSの研究事務の最高責任者だったジェリー・リヴァセイで、われわれは四時間という訪問時間ぎりぎりまで交流を深

図8A　サンディエゴの研究所を訪問してくれた
A.P. デュブロフ

めた。

一九九六年六月、わたしはＣＩＨＳから名誉博士号を授与され、[*9]研究所の専任教授陣に加わった。このとき以来わたしは定期的に、ＣＩＨＳの「細胞のバイオコミュニケーション理論と研究」コースで教壇に立っている。

ところで読者の皆さんは、この本の最初のところで述べた冷戦時の仕事と現在の状態との皮肉な関係をわたしが無視している、と思われているのではないだろうか。確かに冷戦時、わたしは米国軍の対敵情報活動部と中央情報局の仕事をしていた。ソヴィエト連邦の異常な尋問技術、おそらく催眠を使用するものについて、調査を指示する側にいたのである。ソヴィエトの科学者たちが、わたしのバイオコミュニケーション研究の追試をする一助として催眠を使用していた詳細を初めて知ったのは、一九九五年のことだった。それまで米国の科学界はわたしの仕事をほとんど無視しているような状況だった。今振りかえると、言葉の壁があるにもかかわらず、一九七三年六月にプラハで開かれた「意《サイ》識工学《コトロニクス》研究国際会議」で、あれほどわたしがソヴィエトの科学者たちから歓迎されたのは、こうした背景があったものと思われる。

スリランカへの旅

一九九六年一二月、スリランカのコロンボで開催された代替医療の会議に招待された。この会議は

「世界歩行性運動障害／リハビリテーション／スポーツ医学会議」がスポンサーで、主催は「相補医学のためのオープン国際大学[*10]」だった。わたしは「試験管内細胞と細胞提供者についての観察が示唆する生体内現象」と題した講演を行ない、大きな反響を呼んだ。またこの会議でわたしは、オープン国際大学医学部から名誉科学博士号を授与された。

スリランカへの旅は、この国がちょうど内戦の真っ最中である現実を忘れてしまうほど、すばらしく充実したものだった。インドから会議に参加した科学者たちは、特にわたしの研究に興味を持ってくれた。推測するに、彼らの気持ちの中には、植物の意識と感情について研究したインドの大科学者、ジャガディス・チャンドラ・ボースのこともあったのかもしれない。

ＡＰＡ発足とレナード・キーラー賞受賞

わたしが植物のバイオコミュニケーションを最初に観察したのは一九六六年だが、同じ年、この本の最初で述べた科学的尋問アカデミーや他の小さなポリグラフ団体を吸収した米国ポリグラフ協会（American Polygraph Association ＝ＡＰＡ）が発足した。その後の三六年間、わたしは新しいことに取りかかる場合、特にそれが論議を呼びそうな研究である場合には、「ドロップアウト症候群」に陥って途中で断念しないよう心がけてきた。批評家というものは、いつも、その人にとっては面白からぬ情報を求めて、当人の背景を探しまわるものだ。それゆえ、わたしは自分の基盤であるポリグラフ検査官という職業を大切にし、ポリグラフの同僚には自分が進めているバイオコミュニケーション研究の進展状況について話してきた。わたしの研究の熱心な協力者であったボブ・ヘンソンが一九九三年に他界した後は、バクスター嘘探知検査官養成学校の講師だったトム・グレイが積極的に研究に関わってくれるようになった。一方、わたしのポリグラフ界に対する永年の貢献が認められて、一九九七年には「レナード・キーラー記念賞」という栄誉ある賞をいただくことになった。受賞理由には、過去三六年間、APA主催の年次会議でほとんど毎年、上級のポリグラフ訓練の実演を行なってきたこと、またわたしのポリグラフの仕事が、非常に権威あるポリグラフ教本『ポリグラフを使用した法廷心理生理学』[*11]に多数引用されていることが大きく与《あずか》っていると思う。

大衆誌『サン』誌上で反論する

一九九七年七月、雑誌『サン・マガジン』に、「植物は応答する」[*12]という記事が掲載されたことがきっかけとなって、読者とわたしの間で、数カ月にわたって活発な意見の交換が行なわれた。次の二つの読者の意見は、九月から一二月までに寄せられた多くの手紙の中から選んだものである。

わたしは、著者や編集者たちが、たいへん騙されやすいことに失望しています。彼らはもう少し批判的な目を養うべきではないでしょうか。そうでないと、実際には良いアイディアも悪いアイディアと一緒に広がってしまいます。たとえば、クリーヴ・バクスター氏ですが、彼は、われわれの口の中からこそげとった細胞が、本人から五〇〇キロ近く離れても、本人の感情に反応すると主張しています。今まで誰も、この奇跡的発見を理解しなかったのはなぜでしょうか。たぶん、この類の実験の結果は誰も予測できないからでしょう。これらの記事は、単に個人的な感情や観察を述べたものではありません。少なくともわたしたち読者に結果を予測させるべきところを、自分たちの主張を押しつけています。そうして、読者に予測させることは許さないのに、主流の科学を人間的でないと言って笑い草にするのです。

読者の意見をもう一つ。

バクスター氏の主張は極めて並外れたものである。これには並外れた証拠が必要だと思う。だが彼は一つも見せてくれない。彼の実験は、再現性に欠け、対照群も設置されていない。彼の主張はいんちきである。しかし、少なくとも害がないことは確かだろう。

次は以上の二つの意見に対するわたしの意見。

この二つの意見に見られる態度は、とりたてて目新しいものではありません。残念ながら例外なく、こうした批判をする人たちは、わたしの研究を詳しく知ろうとはしない人たちです。わたしは、一九六八年に植物反応について論文を発表して以来、これまで三五以上の科学分野・学問分野の人々を前に講演してきました。そのなかには米国科学振興協会も含まれています。インタビューでは、植物に反応を起こさせる出来事は、自然に起こらなければならないので、再現することが大変難しいという問題について説明しました。これはバイオコミュニケーションの再現でも同じです。「並外れた主張は並外れた証拠を伴わなければならない」という言葉はこの場合、新しい考えを、検証する前に捨てるために使われているわけで、ひどく白々しい感じがします。またここでは、実験方法の原則を、都合よく選択して使っているように思われます。科学者というものは、飽くことを知らない好奇心を持ち、説明のつきがたい現象を人にわかる方法で説明しようとする、鋭い観察者であることになっています。わたしは、わたしの研究がこの原則に忠実であると信じています。もちろん、再現性を期待する実験法は、意識研究においては困難な問題です。しかしながら、バイオコミュニケーションの存在を示唆する数多くの明白な観察結果を無視するならば、言い訳は通じないでしょう。

ある手紙では、こんな意見もありました。「〝原初的知覚〟が本物であることを見せて、多額の研究費をもらいたいと思う大学院生もたくさんいるはずです」。もしそういう学生がいるなら、心から会いたいと思っています。わたしの研究室は、一九七四年に十分な設備を整えました。また研究費のほとんどはわたしが捻出しており、バイオコミュニケーション研究に興味のある大学院生に対しては、常に大きく門戸を開いてきました。しかしながら、今述べてきたような人々の存在が学生たちを怖じ気づけさせ、こうした分野の研究費の申請を難しくしているのです。またたとえ興味があっても、彼らは「そんな研究は無意味だ」と指導教官から言われます。場合によっては、「そんな研究をすると将来に響くぞ」と忠告された例さえあります。

しかし必ずしも暗いことばかりではなく、進取の気性に富んだ人たちのなかには、かなり態度に変化が見られることも事実だ。わたしは今も現役で、ここカリフォルニアで教育や研究関係の顧問委員会などの活動に忙しい日々を送り、優に一〇〇人を超える科学者たちと関わっている。おそらく求められているのは、未知のものを探究する場合にはある程度の勇気も必要だということをわきまえた科学的姿勢を、しっかり理解することだろう。これまで紹介してきた否定的な態度と釣り合いを取るために、他の視点を持つ読者の意見も挙げておこう。

「今までどうしてそんなことがわからなかったのですか?」とバクスター氏に質問した仏教徒やヒンドゥー教徒の科学者たちに、わたしは同意します。わたしが驚いているのは、バクスター氏による植物のコミュニケーションの実験ではなく、明白な事実を無視する欧米の科学者たちの態度のほうです。

アーサー・ガルストンは、一九七五年の米国科学振興協会シンポジウムで、わたしの研究を誹謗中傷した人物だが、彼と直に会ったときこんなことを言われた。「どうしてこんなものにわれわれの時間と研究費を浪費して、自分たちの評判を危険にさらす必要があるのかね」。しかしすべての科学者が耳を傾けないわけではない。危険を冒しても研究すべき人たちが耳を傾けないのだ。もっとも、原初的知覚の研究を危険と見ること自体が間違いなのだが。

米国ダウザー協会

この三年ほど、毎年三月になるとウォルト・ウッズがわたしの研究室を訪ねて来てくれる。彼は、一九六一年に創立された米国ダウザー協会の元会長で、これまでに、ダウザー協会サンディエゴ支部のイーネズ・リンジーや、アリゾナ州トゥーソン支局のマーディ・ギーズラーなどを研究室に連れてきてわたしに紹介してくれた。ダウザー協会の文書によると、ダウジングとは、「人間なら誰にでもそなわっているのだが、ほとんどの人はその存在さえ気づいていない、ある感覚を使って、隠れているもの（水、貴金属など）を探索するために古来用いられてきた技術」とされている。原初的知覚に関するわたしの研究は、その感覚とかなり重なる部分があるように思われる。ウォルトとわたしは、ダウジングの訓練法とわたしの研究に共通すると思われる概念を扱う実験方法をぜひとも開発したいと考えている。

ユニバーシティ・オブ・サイエンス&フィロソフィー

ポール・フォン・ウォードと知り合ったきっかけは、すでに本書で紹介したブライアン・オリアリー（元NASAの宇宙飛行士）を介してだった。われわれは二人とも、コロラド州のフォートコリンズで開かれる「一九九一年ニューサイエンス国際フォーラム」で基調講演をすることになっていた。ポールは天文学者で大学の講師であり、『太陽系の遺産』[*13]という素晴らしい本の著者でもある。あれから一〇年経つが、われわれは手紙をやりとりし、訪問しあい、同じプログラムに参加して、友情を深めている。

ポールはユニバーシティ・オブ・サイエンス&フィロソフィー[*14]が発行している雑誌『宇宙光 *The Cosmic Light*』に毎月記事を書いている関係で、あるときわたしにインタビューした後、大学の最高責任者である木村康彦氏と大学の教育部門の責任者であるラーラ・リンドーに引き合わせてくれた。のちにこの繋がりは、二人からの長時間のインタビューによって「クリーヴ・バクスターの神秘生活」[*15]という記事になった。以来、わたしは彼らの全国展開の活動に加わり、二〇〇一年五月には、「科学の最先端において創造的な仕事を成し遂げた」という理由で、最初のウォルター・ラッセル賞を授与された。ポール・フォン・ウォードとわたしは、現在もときおりバイオコミュニケーション関連の研究プロジェクトに関わっている。木村康彦氏とは現在も定期的に会っているが、彼はその後二〇〇三年に「ヴィジョン・イン・アクション（ＶＩＡ）」という彼自身の組織を立ち上げ、ＶＩＡを通して「統合的科学研究と教育プログラム」に取り組みつづけている。

人間機能向上センター

「人間機能向上センター「The Center for the Improvement of Human Functioning」はカンザス州ウイチタにあり、ヒュー・Ｄ・リオーダン医学博士が最高責任者を務めている。過去一五年間、リオーダン博士は、主にホリスティック医学に関するプログラムを集めた会議を開催している。二〇〇〇年九月、わたしは彼の主催した、人間の機能に関する特別会議に招待された。このとき、以前に開かれた会議に参加した教授陣の一人として、先駆的な業績を残したとして賞を受けた。

ところでこの会議に先立って、会議の概要に入れるための最も適切だと思うメッセージを、一〜二ページにまとめて提出するようと言われた。わたしは、バイオコミュニケーションが行なわれていることを確実に観察するには自然発生的な出来事が必要であること、および、そのことと再現／追試に要求される現在の「科学的方法」との間には相容れないものがあることを指摘した。これは非常に重要なポイントだと思うので、次の節にその全文を挙げておく。

実験の再現性についての考察

一九六六年二月、ポリグラフの一部である皮膚電気反応計（ＧＳＲ）に接続したドラセナの木に意識らしきものの存在を観察してからというもの、現在に至るまでわたしは、植物のみならず鶏卵やさまざまな微細な生命体にも同じような能力があることを観察してきました。今わたしの研究は、試験管内のヒト細胞と提供者自身との間の相互作用をモニターする段階にまで進んでいます。またこの間、十分な設備を整えた研究室を維持するとともに、学術団体や科学者、一般人を対象に数多くの講演を行なってきました。わたしが「原初的知覚」と名づけたバイオコミュニケーション現象に関しては、これまで二つの科学誌が記事を掲載した他、数多くの記事が出ています。

もしわたしが観察したのと同様の観察を自ら行なってみたいという方がおられるなら、それには自然発生性が要求されるという点を、改めて強調したいと思います。そのためには、適切な記録装置を用意すること、オーディオまたはビデオの再生手順を設定すること、記録表と出来事の関係を時系列を追って比較することが必要です。このようにすれば、実験は必ずや成功することでしょう。「自然発生性」を確かなものにするために、実験中はけっして記録表に注意を向けないようにしてください。これまでも何十人もの科学者が、身辺で自然に起きた出来事と、モニター中の生体がもたらした記録との間の相互関係を観察することに成功しています。これらの実験が示唆するバイオコミュニケーション能力の存在は、見逃そうとしてもけっしてできるような性質のものではありません。

しかしながら、実験中に直接観察できないような相関関係では、科学的実験法の特徴である「再現性」という要件を満たしていないので、今のところバイオコミュニケーションの存在は、科学界からは認められないでしょう。それはさておいても、こうした実験に関わった人たちの多くに、意識が根本から変化してしまう、意識革命と言ってもよいことが起こったのは事実です。再現可能な実験を編み出そうと試行錯誤を繰り返した末に見えてきたものは、伝統的なアプローチの弱点でした。将来バイオコミュニケーションのような現象は、意識研究において期待される部分になるでしょうから、この現象の潜在的な重要性は明白です。自然発生性を必要とするこのような現象の研究が、同じ現象の反復を要求してデータを蓄積する従来の科学的アプローチとは、根本的な齟齬をきたすのは当然でしょう。また、これは意識研究において独特かつ重要な点ですが、実験にかかわる研究者の意図が実験に用いられる生物材料に伝わってしまい、この混入によって結果がわからなくなる可能性があります。わたしの仕事の多くが、この可能性を強く示唆しています。

もう一つ、現在の「科学的実験法」が要求していることを検証していくうちに、大事な点が、立派な科学者たちから常に見落とされていることに気がつきました。それは、「神秘的現象」を最終的な段階まで追求する研究者の、飽くなき好奇心があらかじめ制限を受けてしまっていることです。わたしはバイオコミュニケーション現象を研究してきましたが、これは主流の科学者からは過去三四年間、常に「神秘的な」という言葉で形容されてきました。そしてこの間に、現代の科学知識を擁護する多くの人々が、何百という非常に明白な自然発生的バイオコミュニケーションの観察結果を完全に無視することを選択してきました。どれ一つとっても「有意な」データを得るための再現性に欠けているという理由によって、です。

もし意識研究の分野での進歩を望むなら、「再現性」の要求をある程度緩和することは、科学的実験法にすべての面で忠実であろうとする科学理論のリーダーたちにも、公平な交換になるのではないでしょうか。これを達成するには、これまで長々と続いてきたバイオコミュニケーションの「神秘」の解決に向けて、じつに多くの時間と努力が必要になるでしょう。すでに七六歳の誕生日を越えた今、残された年月をわたしは次のようなことに捧げたいと思っています。それは、実験室と非営利研究財団の維持、研究の進行状態について本を出版すること、人々に「原初的知覚」現象は容易に観察できることを伝えること、そして、科学的意識研究の進歩にとってのつまずきの石である「再現性」の問題に、人々が将来も本気で関わるよう鼓舞すること、などです。[*16]

意識に関するノーマン・フリードマンの意見

近年、量子物理学の発達によって、バイオコミュニケーションの力学と再現性に新しい光が当てられるようになった。ここに、『隠された領域』[*17]の著者であるノーマン・フリードマンから届いた返答を紹介したい。これはわたしの編集者がEメールで質問したことに対して応えてくれたものである。

ニュートンの学説を信じている時代には、物理学の分野では次のような考え方しか認められていませんでした。(a)物質の一定の配列が意識を生み出す。(b)もし物質が、既知の、あるいは将来発見されるであろう決定論的な法則に従うとすれば、意識も同じカテゴリーに入るべきである。

しかし相対性理論と量子理論の登場によって、これまでの考え方はもはや通用しなくなっています。(a)相対性理論では、空間や時間の概念は観察者とその速度に依存する。(b)また、わたしの理解するところの量子理論では、物質は意識を産み出さない。その逆なのです。意識が物質的な現象を産み出すのです。これは、起こる可能性のある現象群を含んだ潜在的な場から「選択する」ことで実現します。この潜在的な場とは、ハイゼンベルグの言うところの「ポテンティア」と呼んでもいいでしょう。実のところ、蓋然性(起こりうる可能性)とはわれわれに与えられた自由にほかなりません。

以上のことから、ひとことで言えば、「蓋然性」とは意識の持つ自由と言えるでしょう。それゆえ、再現できるかどうかの保証は存在しないのです。

過去三六年間、わたしはしばしばこう語ってきた。わたしがさまざまな科学的専門分野との交流に成功してきたのは、原初的知覚やそれに関連するバイオコミュニケーション現象のメカニズムを説明しようと考えなかったからだ、と。そして今わたしは、この研究の論理的説明の拠り所は、今後ますます量子力学者から出てくるだろうと確信を深めている。

バイオフィードバック協会でのスピーチ

二〇〇一年一一月、カリフォルニアのバイオフィードバック協会がサンディエゴで開催した会議で、わたしは昼食会のスピーチを行なった。わたし自身、これまで観察したさまざまなことから、人間には、現在知られている化学的伝達組織や自律神経系とは別な伝達能力がそなわっていると考えてきたので、バイオフィードバックというものにかなり興味を抱いていた。この章の前の方も触れたが、バイオフィードバック研究の先駆者の一人であるジョー・カミヤ博士は、ハートマス研究所の顧問委員会発足時から委員を務めていた。なお、ご存知ない方のために簡単に説明しておくと、バイオフィードバックとは代替医療の一つで、身体的な情報をモニターして、視覚的なフィードバックを行なうものだ。たとえば、クライアントに、心臓の鼓動や筋肉の運動などのプロセスをモニターさせることで、それを変化・調節することを学ぶように働きかけるのである。

国際遠隔視協会の会議で講演する

二〇〇二年の六月一四～一六日までの三日間、テキサス州オースティンにおいて、国際遠隔視協会が、遠隔視が認められて三〇年を記念する会議を開催し、わたしは講演者として招待された。なお、遠隔視を知らない方のために、ここに協会の出版物から引用しておこう。「遠隔視とは、正常な精神の能力を利用して、距離・時間・障壁などのために通常の感覚ではとても見ることが不可能な目標について、詳細を説明したり、述べたりすることを可能にする技術を言う」

実は、一九七二年のニューヨークで、わたしははからずも、インゴ・スワンとハロルド・プットホフという、遠隔視三〇年の歴史の礎を築いた歴史的人物二人を引きあわせていた。遠隔視協会[*18]の出版物は、遠隔視が、「冷戦中に軍隊の極秘プロジェクトのために、いわゆるサイキック・スパイによって頻繁に使われた」ことを述べている。わたしの講演のテーマは、「遠隔視と似た部分がある催眠実験」というものだった。わたしは、約六〇年も前に遡る退行催眠の仕事について話した他、原初的知覚とそれに関するバイオコミュニケーションに共通する、非局在性《ノン・ローカリティ》（場所に限定されない性質）についても話をした。

「統合科学会議」

二〇〇二年の九月二一〜二七日までの一週間、ロサンゼルスにおいて、ユニバーシティ・オブ・サイエンス&フィロソフィー（USP）の後援による、参加者限定の会議が開かれた。テーマは、「統合科学会議——宇宙空間の本質および、意識との関係」で、主催者は大学の最高経営責任者であり科学プログラムのディレクターである木村「玄空」康彦氏と、USPの当時の学長ラーラ・リンドーだった。参加者は二〇余名、おもに科学者と哲学者たちで、わたしもその一人として招かれた。このうち一二名が各人三時間の講演を割り当てられ、[*19] 三時間の前半は公式の講演を、後半は全員による総括的な意見交換が行なわれた。これにはUSPの科学分野の教師たちやゲスト・オブザーバー[*20]なども参加した。講演のタイトルには、「自然と意識の関係性」「意識を基礎にした生物学および生物学を基礎にした科学」などがあり、六日間にわたるプログラムは実に有意義なものだった。わたしの講演、「バイオコミュニケーションの基礎としての原初的知覚」も好意とともに受け入れられ、わたしは大変感激したものだ。会議では何人もの講演者がノン・ローカリティ＝非局在性の可能性について言及したが、わたしも実例をあげて説明した。

木村康彦氏の発案から始まった「統合科学会議」は、二〇〇六年以降、二年おきに、同氏の新たな組織である「ヴィジョン・イン・アクション（VIA）」によって開催される予定だと聞いている。

アラバマ＝バーミンガム大学における追試の成功

さて、ここまで過去一六年間における科学界からの反応と評価について述べてきたが、その最後を飾るのは、二〇〇二年の一二月に起きた進展状況の報告である。同年一月三〇日に、本章ですでに紹介したポール・フォン・ウォードの案内で、マイラ・クロウフォード博士の研究室訪問が実現した。

これは、クロウフォード博士が別のプロジェクトでサンディエゴに滞在している間に、ポール・フォン・ウォードが博士にわたしの研究のことを話してくれた結果だった。博士はアラバマ－バーミンガム大学（UAB）教授で、家族とコミュニティ医療研究部門の最高責任者である。彼女は研究室の見学時に、口腔内の白血球細胞を提供してくれた。この白血球を使った実験については、前章で紹介したとおりである〔一四四～五ページの図7Jと7Kを参照〕。この件に関しては博士のお嬢さんのレジーナにとても感謝している。彼女がまさに適切なときに母親のクロウフォード博士に電話してくれたおかげで、記録表に有意味な反応が出現したのである。

わたしの本の編集者であるフランシ・プロウズは、このときクロウフォード博士と一緒に研究室にいて、電話の反応記録を見たひとりだった。彼女はバーミンガムに帰ったクロウフォード博士にEメールで、「何が学べたと思いますか」と質問を送った。博士からは次のような言葉が返ってきた。「わたしは、科学的な実験によって、わたしの思考とわたしの細胞との間で、意識の、非局在的かつ瞬間的なコミュニケーションが行なわれるという現実を明らかに見せていただきました」

クロウフォード博士はアラバマ大学医学部に所属している。博士がUABにバイオコミュニケーションの実験室を設ける意志を示したことは、われわれの研究がホリスティック・ヘルスに重要な意味を持っていることを示唆するものだ。同二〇〇二年三月二一日と二二日の二日間、彼女は、「第一回ディーパック・チョプラ・センター国際シンポジウム」に出席するために、サンディエゴの北数キロのところにあるラホーヤを訪れた。わたしもゲストとしてその場に招待されていた。二一日の夜は歓迎パーティが開かれ、二二日には一日中講演が行なわれた。講演者七人のうち四人が物理学者で、大部分の講演者が非局在性を話題にした。このシンポジウムはまた、クロウフォード博士とわたしが、バイオコミュニケーション実験室の実現に向けてさまざまな話しあいをする格好の場を提供してくれた。

その後七月八日と九日の二日間、クロウフォード博士はバリー・パターソンを伴い、再度サンディエゴのわたしの研究室を訪れた。バリーは、UABの研究助手で、積極的にバイオコミュニケーション実験室作りに関わっていた。彼はこのときわたしの研究室で、口腔内の白血球を採取する方法と電極を繋ぐ方法を習得した。それからすぐに、博士とバリーとわたしの三人で、カリフォルニア州のサンホセに飛び、そこから車でハートマス研究所に向かった。バリーは以前ここで「ハートマス・精神マネジメント」の訓練者資格研修に参加したことがあった。それは、UABでクロウフォード博士の部門の教授や助教授らを訓練するのが目的だった。われわれはハートマス研究所に二日間いたが、この間、所長のローリン・マクラティや彼の研究室の人たちと、互いの関心事について議論した。

滞在二日目のこと。ヒトの血液を使っているわたしの研究のことで質問があった折に、白血球だけでなく血液そのものを使って実験したことがあるかという質問が出た。わたしが、「いや、厳密な意味ではありません」と応えると、「じゃあ、ここでやってみましょう」という声があがった。もちろん、誰もが興味津々だった。血液はバリー・パターソンが提供してくれることになった。ハートマス研究所の研究員で血液採取の資格を持つジャッキー・ウォーターマンが、バリーから五ミリリットルの血液を二本、試験管に採取した。二つのサンプルのうち一つに、研究実験室長であるマイク・アトキンソンが、わたしのサンディエゴ研究室が開発した方法に似た方法で電極を取りつけた。二つの金の電極線が五ミリリットルの試験管に入っている血液に浸され、ハートマス研究室の装置に直接繋がれた。このときの実験で記録した二つの実例は、前章で図7Lと7Mとして紹介したものだ。

さて大学に戻ったクロウフォード博士らは、すぐに「ヒューマン・エナジェティクス・アセスメント研究室」を作るために必要な場所と機器を揃える準備に取りかかった。彼らが完成した実験室で最初に試みたのは、わたしの研究プロトコルを用いて、口腔内白血球細胞の実験を追試することだった。二〇〇二年一二月二〇日、わたしは、次のようなメッセージをクロウフォード博士から受け取った。「UABヒューマン・エナジェティクス・アセスメント研究室がついに動き出しました。バリーとわたしは、試験管内のヒト細胞の実験に成功したことを報告いたします」

わたしの一六年にわたる研究報告の最後を、このような希望に満ちた結果で締めくくることができることは望外の喜びである。バクスター研究財団は、今後もアラバマ－バーミンガム大学との共同研究を進めるとともに、ハートマス研究所との連携がいっそう強化されることを切に願っている。

——原註

1. Thomas S. Kuhn, *The Structure of Scientific Revolutions* (Chicago, University of Chicago Press, 1962). 邦訳、トーマス・クーン『科学革命の構造』（中山茂訳、みすず書房、一九七一）
2. ジョン・アレグザンダーは現在ネバダ州ラスベガスにある、National Institute for Discovery Science に勤務している。
3. Brian O'Leary, *Second Coming of Science* (Berkeley CA: North Atlantic Books, 1992), *Exploring Inner and Outer Space* (Berkeley CA: North Atlantic Books, c1989)
4. Peter Tompkins & Christopher Bird, *Secret Life of Plants* (New York: Harper & Row, 1973). 邦訳、ピーター・トムプキンズ&クリストファー・バード『植物の神秘生活』（新井昭廣訳、工作舎、一九八七）。この本は第四章でも述べたが、現在まで二九年間、版を重ねている。
5. Robert B. Stone, Ph. D., *The Secret Life of Your Cells* (Westchester, PA: Whitford Press, 1989). 邦訳、ロバート・B・ストーン『あなたの細胞の神秘な力』（奈良毅訳、祥伝社、一九九四）
6. ハワード・マーティンはハートマス研究所について次のように述べている。「心理学、生理学、および人間の可能性に対して革新的な見方を持ち、心の隠れた力を汲み出すことで、現代社会の中でよりよく生きるための新しいモデルを提供している」。ハートマスの科学顧問には次のような人たちがいる。

・ジョー・カミヤ（Joe Kamiya, Ph.D.）――バイオフィードバック法の創始者。サンフランシスコ州カリフォルニア大学の元医療心理学教授、学術心理学者。

・ドナルド・シンガー（Donald Singer, M.D.）――米国医師会特別会員、米国心臓病学会特別会員、カナダ医師会特別会員。心拍変動の専門家。Reingold ECG Center の元ディレクター。ノースウェスタン医科大学の医学部・薬学部教授。

・カール・プリブラム（Karl H.Pribram, M.D., Ph.D.）――神経外科医、サイコセラピスト。スタンフォード大学名誉教授。ワシントンDCのジョージタウン大学教授。

・ウィリアム・A・ティラー（Willam A. Tiller, Ph. D.）――物理学者、数学者。スタンフォード大学の材料科学&エンジニアリング部門の名誉教授。

科学顧問委員会と人間性医学評議会の完全なリストをお望みの方は、次のアドレスにアクセスのこと（研究所のホームページは要登録）。

http://www.heartmath.org/Research/science-of-the-heart/soh_68.html

7. A.P. Dubrov. V.N. Pushkin. *Parapsycology and Contemporary Science* (New York and London: Consultants Bureau, 1982). 邦訳、A・P・ドゥブロフ、V・N・プーシキン『超心理と現代自然科学』（金光不二夫訳、講談社、一九八五）

8. アレグザンダー・P・デュブロフ博士（Dr. Alexander. P. Dubrov）は、当時モスクワ科学アカデミーの一般遺伝学研究所上級研究員であり、ソ連の生物物理学特別研究員を何年も務めた。

9. カリフォルニア人間科学研究所（The California Institute for Human Science）は本山博博士によって創立された。この研究所は、カリフォルニア州の教育規約94310に述べられているすべてのガイドラインに従って、私立高等学校および職業訓練学校卒業後教育評議会により、大学院課程の単位を取得できる教育施設として認められている。

10. 「相補医学のためのオープン国際大学」は、一九七八年国際保健機構（WHO）のアルマ・アタ宣言〔訳注・発展途上国でのプライマリー・ヘルスケアの必要性を強調〕と一九八〇年国際連合の決議によって創立された。

11. Jemes Allan Matte, Ph.D., *Forensic Psychophysiology Using the Polygraph* (Williamsville, NY: jampublications). E-mail: jampublications@mattepolygraph.com
12. Derrick Jenson, "The Plants Respond," *Sun Magazine*, July, 1997.
13. Paul Von Ward, *Our Solarian Legacy: Multidimensional Humans in a Self-Learning Universe* (Chalottesville, VA: Hampton Roads Pub., 2001). *Solarian Legacy: Metascience and a New Renaissance* の続編。
14. University of Science and Philosophy. 前身は「ウォルター・ラッセル協会 Walter Russell Foundation」。彼らの文書によれば、「宇宙の法則、自然科学、生活哲学における総合的学習と、変容をもたらす研究のためのオープン大学である」（ホームページは www.philosophy.org および www.twilightclub.org）
15. "Secret Life of Cleve Backster," 木村康彦とラーラ・リンドーによる記事。*Cosmic Light*, Spring, 2001 issue.（University of Science and Philosophy が発行する季刊誌）
16. 「人間の機能に関する国際会議 International Conference on Human Functioning」のために用意されたもの。この会議は二〇〇〇年九月二二～二四日、カンザス州ウイチタで開催された。主催はウイチタのカンザス大学医学部、生物・医学相乗教育研究所（Bio-medical Synergistics Education Institute）のヒュー・リオーダン博士（Dr. Hugh Riordon）。
17. Norman Friedman, *The Hidden Domain, Home of the Quantum Wave Function, Nature's Creative Source.* (Eugene, OR: Woodbridge Group, 1997).
18. 遠隔視をテーマにした本は次のサイトで検索できる。
http://www.rvconference.org/Books.html
19. 二〇〇二年九月に開催された「統合科学会議 United Science Conference」における講演者を挙げる（講演順）。

Ashok Gangadean（哲学者、論理学者）。Cleve Backster（実験科学者、バイオコミュニケーションのパイオニア）。Milo Wolff（理論物理学者、天文学者、エンジニア）。Foster Gamble（宇宙幾何学者）。Chester Hatstat（材料科学者）。Vladimir Ginzburg（機械エンジニア、技術科学者）。Ervin Laslo（哲学者、一般システム理論家）。Teruaki Nakagomi（量子物理学者、コンピュータ・サイエンティスト）。Wing Pon（理論物理学者、一般システム理論家）。Thomas Brophy（太陽系天文物理学者、天文考古学者）。Elisabet Sahtouris（進化生物学者）。Paul Von Ward（宇宙論学者）。

20．公式の講演を行なわなかったオブザーバーには次のような人がいた。Charles Warble（材料科学者）。Jerry Williams（電気エンジニア）。Mark Cummings（フロンティア科学研究者）。Mark Pecan（エンジニア、物理学者）。Ed Edwards（物理学者、進化論研究者）。Eva Olds（コミュニケーション－言語専門家、教育者）。Linda Olds（統合心理学者、一般システム理論家）。Glen Olds（哲学者、元国連大使、五つの大学の元学長、また過去四人のアメリカ大統領の大統領副顧問官）。

第九章　バイオコミュニケーション研究の未来

将来バイオコミュニケーション研究が行なわれそうな分野を一つひとつあげる前に、今日までのわたしの研究が示唆することを考察してみたいと思う。こうした生物学的実験を行なう場合に気になることの一つは、実験者の意図である。はたして、実験者の態度が、期待される実験結果に非常に否定的、あるいは肯定的な場合、実験の結果になんらかの影響が及ぶものだろうか？　われわれの予備実験はその可能性を示している。この問題を解決する一つの方法は、実験を完璧に自動化して、実験室の環境から実験者の意識を取り除くことだろう。この方法に関しては、小エビの死に反応する植物の観察について述べた第三章で取り扱っている。

以下に述べるのは、より抽象的な分野に関わることであり、おそらく哲学的なニュアンスを含んだものになるだろう。各テーマが示唆するものは、今後研究する価値があるように思われる。十分な研究費の支援があれば、そうした分野の研究が進むことは間違いないだろう。

長距離コミュニケーション

われわれが観察したバイオコミュニケーションの基本的性質には、大変ユニークなものがあるようだ。この関連で最も多い質問は以下の三つにまとめることができる。すなわち、コミュニケーション伝達の速度、もしあるとすれば、その距離の限界、そして、遮断に対する感受性である。

コミュニケーション速度について言えば、地上の距離では決定することが困難である。これはコミュニケーションを受けとる時間と、脳波計タイプの装置に記録される電気的放出の間に、わずかながら生物学的遅れが生じるためだ。もしも伝達速度が、光や電波の速度より著しく速い場合には、NASAの人工衛星を利用した研究が可能だろう。バイオコミュニケーションが光速よりも速いことを確認することは、将来の宇宙飛行計画に画期的な意味を持つものと思われる。

われわれの研究では、試験管内のヒト細胞とその提供者の間に存在する物理的な距離は、伝達に際して一切問題にならないことが証明されている。第八章で述べた白血球に関する論文中で扱った距離は、実験室から提供者がいる場所まで、二〇キロ余りあった。また距離を扱ったもう一つの実験では、サンディエゴからアリゾナ州フェニックスの間の伝達も観察できた。

伝達の遮断に関しては、われわれはエンシニタスにあるカリフォルニア人間科学研究所（CIHS）の非常に高度な遮蔽室を使用して実験した。この施設は、現在わかっているすべての電磁波を通さないように作られている。わたしはこの施設を二回訪問したが、このとき、前章で紹介したトム・グレイ、スティーヴ・ホワイトとわたしは、CIHSの研究ディレクターであるガイターン・シュヴァリエ博士と共に、GSR（皮膚電気反応計）に繋いだ植物と脳波計に繋いだバクテリアをこの部屋に閉じ込めて観察した。そして、部屋の外の人間の刺激と、機器によって記録された記録表の相関関係にまったく問題がないことを確認した。

前章では最近わたしが参加した会議について述べたが、これらの会議では何人もの量子物理学者が「非局在性」という概念を口にしており、この概念が、コミュニケーションの距離に限界がなく、「時間的な消耗ゼロ」を意味するものとして使われていることを学んだ。また数人の物理学者から、わたしが提供したバイオコミュニケーションの例は、この非局在性から説明がつくと思うという言葉をいただいた。NASAと協力して、火星など、従来のコミュニケーション手段では二〇分から三〇分の時間差が生じる長距離実験を、ぜひともしたいものだ。

スピリチュアルな側面

わたしはここで比較宗教学の議論に足を踏み入れるつもりはまったくないが、子供の頃に既成宗教に関して体験したことについて話しておきたい。わたしの父は、わたしの生まれ故郷の小さな町で長老教会の日曜学校教師を長年していた。わたしはもちろん一日も休まずに日曜学校に通い、最初の一年目には、皆勤賞の小さなジュエリーピンをもらった。二年目の皆勤賞のときには、そのピンを飾るためのリースが与えられ、その後一〇年間は銘の入ったバーピンを毎年もらっていた。とはいっても、一七歳の頃にはすでに科学者的な傾向が芽生えていた。ハイスクール三年のとき全寮制の大学進学校《プレップスクール》に入るために家を離れたが、そのときわたしは、既成宗教から十二年の休みを取ることを自分で決めた。そして、その休みの期間が終わったときに、日曜学校に通ったかつての十二年間を評価することにした。

　プレップスクールではすぐにカリキュラム外課目である催眠に興味を持った。そして催眠を学んだことによって、自分がそれまで体験してきた宗教のさまざまな側面を、思弁的なもの、もっと分かりやすく言えば被暗示性によって説明されるものと見なすようになった。この「被暗示性」という言葉は、催眠に関する文献では、新しい考えを相手の心に導入しやすい状態を指している。さらに、本書の「はじめに」で述べたことだが、わたしの宗教観はドン・ジョスリンによって大きく変わった。彼とは一九四二年のカリフォルニアへの旅でたまたま出会い、短い時間のうちに神智学[*1]のことや東洋哲学のさまざまな面について教えられた。こうしてさまざまな宗教を知るにつれてわかったのは、それらに共通していることが、超越した存在を信じることだった。そしてそれはたいてい神という名で呼ばれていた。

　二一世紀に入り、技術の進歩によって、地球に似た惑星を持つ恒星がこれまで考えられていた以上にたくさんあることがわかってきた。このことは、この「神」という超越した存在の居場所に関するジレンマを深めることになった。もちろんこれらの惑星も、超越者の影響下にあるものと考えられるだろう。祈りや瞑想について、科学がこれまで納得できる説明をしてこなかったことに初めて気がついたのは、バイオコミュニケーションの研究に深くかかわるようになってからだった。特に祈りの範囲が広大な場合、このような類のコミュニケーションに要する時間が光速以下に限られているなら、祈りは意味がなくなってしまうだろう。科学者らによれば、現在最も速いとされている光でさえ、われわれの広大な宇宙を横断するには何千年もの時間を要するということだ。

一九六六年に初めて植物に電極を取りつけた後まもなく、わたしは、研究中に常に現れるこのコミュニケーション能力が、科学界からはまったく無視されてきたものであることに気づいた。そしてこの気づきによって、わたし自身、祈りや瞑想を確実な証拠がないとして拒絶してきたことを、再検討しなければならなくなった。自分も、科学的根拠を持たないまま、それらを拒否していたのである。瞑想や祈りについてのこうした再評価は、非局在性など現在の量子物理学の概念によって補強された結果、わたしの霊性面での自覚を格段に拡大させることになった。わたしは今、霊性的自覚を拡げる一つの方法として、バイオコミュニケーションの実例を自分の目で観察することを人々に勧めている。

ホリスティック・ヘルス

バイオコミュニケーションとホリスティック・ヘルスについてわかった事実には、良い面と悪い面があるようだ。試験管内のヒト細胞についての研究は、これまで知られている自律神経系とは別の伝達系が体内に存在していることを示唆している。われわれは脳波計タイプの装置を用いて、最初は精液を、それからヒトの細胞について観察した。この観察は以前は口腔内の白血球をモニターするにとどまっていたが、最近になって血液そのものをモニターするに至っている。

これは確かに起きているように思われることだが、もし提供者のなんらかの思考を、試験管内の白血球ないし血液が感知しているならば、その人の身体の他の細胞も、当人の思考の性質や感情の状態に影響される可能性があるだろう。われわれの記録表は、細胞からマイクロボルトのレベルで広範囲な電気的放出が行なわれていることを示している。この放出現象は、提供者のネガティブな思考と強い感情が起きるのに伴って生じている。

以上のことから、さまざまな疾病は、このようなネガティブな思考や感情の表現あるいは抑圧から起きているものである可能性が考えられる。今後の研究が進めば、ポジィティブ思考や、感情の効果的対処法などがいかに健康に重要な意味を持つものであるかが明らかになることだろう。

今後の研究に関するアイディア

生物センサーを用いて長期間のモニターが可能になれば、医療、心理療法、社会学の各分野において、次のような研究が進むことになるだろう。

1．手術を受けている人の細胞サンプルをモニターする。すでにビデオテープによる手術の記録は行なわれているので、その記録と脳波計タイプの装置を用いた試験管内細胞の記録との時間的な相関関係を見ることが可能である。

2．個人あるいはグループセラピー中に生物センサーを用いることで、どのような場合に感情的に高ぶるのかをつきとめることができるようになる。

3．テレビ番組やテレビコマーシャルの予備テストに生物センサーを用いる。何年か前、わたしは皮膚電気反応計を用いて個人およびグループのモニターを行なう予備テストの研究に参加したことがある。当時はまだ、各個人と計測装置との間を直接ワイヤーで繋いでいた。

4．スポーツ選手から採った細胞サンプルをモニターする。たとえば、フットボールの試合の中継生放送中に、クォーターバックをモニターするなど。後で、細胞センサー記録と、ビデオに録画したゲームとの時間的相関関係を調べれば、ボールが奪われたりあるいはチームメートにうまくパスができたときには、大きな反応が記録に現れると考えられる。他のスポーツでも同じようなシステムを使うことが可能である。

5. 農業分野では、たとえば、肥料や殺虫剤や気候などに関する作物の好みをセンサーでモニターすることによって、さまざまな問題を解決することができると思われる。農作業をする人の態度さえも作物の成長に影響を与えている可能性がある。

6. 以前からわたしは、巨大なセコイアにセンサーを取りつけてモニターする技術を開発したいと考えていた。ハートマス研究所があるボールダー・クリークには、樹齢何百年というセコイアが何本もある。もしこれらの巨木とコミュニケーションができたなら、彼らはどんなことを語ってくれるだろうか。

計測・記録装置について

主流の科学者たちにいま挙げたような研究プロジェクトに興味を抱いてもらうには、できるだけ多くの人たちが自分の目でバイオコミュニケーションを体験することが大事だと思う。とりわけまだ異質なものに対して偏見をもたない若い人たちには、ぜひそうしてもらいたい。

わたしはよく高校生以下の学生から、バイオコミュニケーション現象を「科学フェスティバル」で取り上げたいという相談を受ける。しかし問題は実験機器だ。わたしの初期の実験の多くは、今の大部分のポリグラフに含まれているGSRタイプの装置を利用した。しかしこれは、わたしが観察してほしいと思うような学生たちの手にはとても入らない。またわたしが最近使っているような脳波計や心電計タイプの装置も、彼らが入手するのは困難だろう。

これまで三六年間、わたしは、さまざまな生物に電極を取りつけ、皮膚電気反応計（GSR）や心電計（EKG）、脳波計（EEG）タイプの装置に繋いで観察してきたが、いずれの場合も感受性を示す反応が現れた。わたしはこれを「原初的知覚」と名づけた。しかしこれはハレー彗星のように七六年に一度しか観察できないというような珍しい現象ではない。適切な機器を揃えることができれば、そして柔軟な心さえあれば、誰にでも観察できる現象である――特にその現象が自然に起きた場合にははっきりと観察できる。

わたしは、これから自分に残された年月を、「並外れた主張には並外れた証拠が要る」と言ってやまない人たちとの論争に費やすつもりはない。再現性を必要とする並外れた証拠は、この現象が持つ自然発生性とは相容れないのだ。この問題に対する長期的な解決策として考えられるのは、好奇心にあふれた偏見のない人たちに、比較的安価な脳波計タイプの装置――それもポータブルでバッテリー式のもの[*2]――を使って実験してもらうことだろう。バクスター研究財団は今後も、そうした機器を多くの人に使ってもらうよう努力を続けるつもりである（本書の印税もそのために用いられる）。適切な機器があれば、多くの人が自分の自然な行動や思考の効果を体験できるようになり、再現性の問題は問題にならなくなることと思う。

また、脳波計タイプの装置を手に入れることの他に重要なのは、記録用機器がない場合は、オーディオまたはビデオを用いて「再生」システムを作っておくことだ。もし機器が増幅信号を示すメーターを備えている場合には、実験中のカムコーダー（VTR一体型カメラ）はメーターにフォーカスされていなければならない。機器がトーン・インディケーターを備えている場合には、テープレコーダーで音の変化や周辺のオーディオ機器の活動を記録しておく。

実験に関して言えば、反応が起きている最中にメーターを見ない、という点については、どんなに強調してもしすぎるということはない。どうか、自然のままに！　出来事が起きるにまかせて、その後で、ビデオやオーディオテープを再生して、使用した生物センサーから得られた反応と、記録した出来事との相関関係を調べてほしい。どうも科学者は機器の前に陣取って、グラフが記録されていく様子をじっと見ている傾向がある。だが、この実験では現象はたった一度しか起こらず、しかもこうした行動をとれば、起こるべきことも起こらなくなってしまう。

さて、本書の最終章を閉じるにあたって、この三六年間、わたしを励ましてくださった科学者諸氏、また第八章で述べたような活動にわたしを参加させてくださった方々に、心から感謝の意を表したい。それとともに、わたしは、この原初的知覚という現象を科学者の方々が正面から見据える時期に入っていることを感じている。この現象はどんなに無視しても消えてしまうことはない。

最後に、わたしがどうしてこれほどの確信を持っているのかと疑問に思う方に申しあげたい。確かにこれまで、科学者たちはこの分野にまったく関心を示してくれなかった。しかし、どんなに彼らが新しい考えを否定しても、わたしが動じることはない。わたしには真の賛同者、母なる自然がついているからである。

――原註

1. The Theosophical Society（神智学協会）。神智学《テオソフィ》（Theosophy）の教えを基盤にしている。この言葉はもともと、「theos＝神」と「sophia＝知恵」というギリシア語に由来する。科学と宗教と哲学を統合した神智学を信じる人たちは、人間は宇宙魂が放つ光輝であり、永遠不滅の性質を持つものと考えている。さまざまなウェブサイトで検索できる。

2. ハートマス研究所は、わたしの発見をいくつも追試して成功した上、植物や他の生体でわれわれが観察した典型的なタイプの反応を観るのにうってつけの、乾電池式の機器を開発した。この機器は感度は脳波計に似ているが、普通の脳波計が発する雑音の多くが除去されているので、家庭での使用に適したものとなっている。わたしもプロトタイプを一台持っているが、非常に有効である。

訳者あとがき

この本のことをはじめて耳にしたのは、去年の晩秋だった。本書の編集者である鹿子木氏とお昼を共にしながら、今年の春に『叡知の海・宇宙』（吉田三知世訳、日本教文社）として出版されたアーヴィン・ラズロ博士の *Science and the Akashic Field* についていろいろな話をしたあと、一段落ついたときに、同氏からこんな本があるんですよと紹介された。

わたしは、ああ、その話なら知っていいます、と言いながら、一〇年ほど前に読んだ『植物の神秘生活』という伝説的な本のことを思い出していた。人間の感情に反応する植物について実験した話を読んだときの衝撃は、遠い日の記憶ながら脳裏にまざまざとよみがえってきた。よく聞けば、本はその実験をした本人であるバクスター氏が、はじめて自分で書いた本だということであった。

翻訳の作業にとりかかると、クリーヴ・バクスター氏が、いかに主流の科学界から相手にされない孤独に苦悩しつつ、四〇年近くの歳月を、こつこつと地道な研究を積み上げてきたか、身に迫って感じられた。世間に認められないときに一途に自分の信じるところを進むのは、容易なことではない。よほど自分を信じる力がなければ挫折してしまう。

バクスター氏の研究は、ときにラジオやテレビのトークショー、雑誌などで興味本位にとりあげられる機会はあったにせよ、その研究の真価を、いわゆる大学など主流の教育・研究機関が真摯に問うことはなかった。彼の研究が示唆する深遠な世界、その可能性と影響力を考えると、残念でならない。しかし、ようやく最近になって、主流の研究機関の中にも彼の研究を認めるところが出はじめたようだ。

バクスター氏の実験結果が真実であると多くの人が認めたならば、社会全体にパラダイムシフトが起きるだろうとわたしは考える。

まず、食べ物に、すなわち自分の命になってくれる、野菜や魚、動物たちに対して、気持ちが一変するだろう。そうして、どんな部分であっても、活用せずにゴミとして捨ててしまうことを、申しわけなく、「もったいない」と感じるようになるだろう。そうなれば、すべての消費・生産活動が今とは違ってくるのではないだろうか。

これを理想主義、と言って一蹴してしまう人には、「イマジン！　すべての生き物が、植物も、魚も、虫も、動物も、すべてが同じ命として尊ばれて生きる世界を想像してごらん」と呼びかけてみたいと思うが、どうだろう？

翻訳中に、果樹を長年育てた経験のあるわたしの父から興味深い話を聞いた。日本には、昔から、「成木《なりき》責め」という方法があるという。これは、長い間実をつけない果樹にむかって、刃物（のこぎりなど）を木にあてて、「実をならせなければ、切ってしまうぞ」と脅かすのだという。すると木は、「切られては大変だ」というわけで、次の年にはたくさんの実を結ぶのだそうだ。父は、自分は試したことがないけれど、成功した人の話は聞いたことがあると言って笑った（ただし父が言うには、幹に傷をつけると花芽ができやすいというのは、植物学の理論としても正しいそうだ)。

木に刃物をあてて、いい大人が真顔で(バクスター氏の実験からすると、真剣でないと効果はないだろうから、本気だったことだろう)木を脅かしている場面を想像しながら、わたしもうれしくなった。

人が本気で木と会話をしていた時代は、手の届かないほど遠い過去ではなかったようである。そして、現在でも盛んに行なわれている四季折々の祭りや行事にしても、「自然にも心がある」ことが、少なくともどこかで信じられ、意識されているはずだと思う。そうでなければ、どんなに贅《ぜい》を凝らしてみても、たちまち浅い次元での娯楽と化し、形骸化して、それこそ命のないものになってしまうだろう。

バクスター氏はわたしに、「やはり、あるんだよ」と言ってくれた。

幼いころに、「どんなものにも、こころがあるんだよ」と、いろいろな場面で教えられ、感じさせられる環境に育ったわたしは、今、「やはり、そうだったんだなあ」とつぶやいている。

最後に、この本との出会いをつくり、訳文に丁寧に手を入れてくださった鹿子木大士郎氏に感謝したい。またバイリンガルの息子にも助けてもらった。感謝している。

穂積由利子

植物《しょくぶつ》は気《き》づいている
バクスター氏《し》の不思議《ふしぎ》な実験《じっけん》

初版第一刷発行　平成一七年七月二〇日
初版第三刷発行　令和　六　年四月二〇日

著者――クリーヴ・バクスター
訳者――穂積由利子（ほづみ・ゆりこ）

発行者――西尾慎也
発行所――株式会社　日本教文社
東京都港区赤坂九-六-四四　〒一〇七-八六七四
電話　〇三（三四〇一）九一一一（代表）
ＦＡＸ　〇三（三四〇一）九一三九（営業）
振替＝〇〇一四〇-四-五五五一九
印刷――港北メディアサービス株式会社
製本――牧製本印刷株式会社
装幀――HOLON
●日本教文社のホームページ　https://www.kyobunsha.co.jp/

PRIMARY PERCEPTION by Cleve Backster

ISBN978-4-531-08146-2　Printed in Japan

株式会社 日本教文社　〒107-8674　東京都港区赤坂9-6-44　電話03-3401-9111(代表)
日本教文社のホームページ　https://www.kyobunsha.co.jp/
各定価（10%税込）は令和6年4月1日現在のものです。品切れの際はご容赦ください。